JN024153

東京大学工学教程

材料力学
材料力学 III

東京大学工学教程編纂委員会 編

吉村　忍
堀　宗朗
井上純哉　著
鈴木克幸
笠原直人
横関智弘

Mechanics and
Strength of Materials III
SCHOOL OF ENGINEERING
THE UNIVERSITY OF TOKYO

丸善出版

東京大学工学教程

編纂にあたって

　東京大学工学部，および東京大学大学院工学系研究科において教育する工学はいかにあるべきか．1886 年に開学した本学工学部・工学系研究科が 125 年を経て，改めて自問し自答すべき問いである．西洋文明の導入に端を発し，諸外国の先端技術追奪の一世紀を経て，世界の工学研究教育機関の頂点の一つに立った今，伝統を踏まえて，あらためて確固たる基礎を築くことこそ，創造を支える教育の使命であろう．国内のみならず世界から集う最優秀な学生に対して教授すべき工学，すなわち，学生が本学で学ぶべき工学を開示することは，本学工学部・工学系研究科の責務であるとともに，社会と時代の要請でもある．追奪から頂点への歴史的な転機を迎え，本学工学部・工学系研究科が執る教育を聖域として閉ざすことなく，工学の知の殿堂として世界に問う教程がこの「東京大学工学教程」である．したがって照準は本学工学部・工学系研究科の学生に定めている．本工学教程は，本学の学生が学ぶべき知を示すとともに，本学の教員が学生に教授すべき知を示す教程である．

2012 年 2 月

2010-2011 年度
東京大学工学部長・大学院工学系研究科長　北　森　武　彦

東京大学工学教程

刊 行 の 趣 旨

　現代の工学は，基礎基盤工学の学問領域と，特定のシステムや対象を取り扱う総合工学という学問領域から構成される．学際領域や複合領域は，学問の領域が伝統的な一つの基礎基盤ディシプリンに収まらずに複数の学問領域が融合したり，複合してできる新たな学問領域であり，一度確立した学際領域や複合領域は自立して総合工学として発展していく場合もある．さらに，学際化や複合化はいまや基礎基盤工学の中でも先端研究においてますます進んでいる．

　このような状況は，工学におけるさまざまな課題も生み出している．総合工学における研究対象は次第に大きくなり，経済，医学や社会とも連携して巨大複雑系社会システムまで発展し，その結果，内包する学問領域が大きくなり研究分野として自己完結する傾向から，基礎基盤工学との連携が疎かになる傾向がある．基礎基盤工学においては，限られた時間の中で，伝統的なディシプリンに立脚した確固たる工学教育と，急速に学際化と複合化を続ける先端工学研究をいかにしてつないでいくかという課題は，世界のトップ工学校に共通した教育課題といえる．また，研究最前線における現代的な研究方法論を学ばせる教育も，確固とした工学知の前提がなければ成立しない．工学の高等教育における二面性ともいえ，いずれを欠いても工学の高等教育は成立しない．

　一方，大学の国際化は当たり前のように進んでいる．東京大学においても工学の分野では大学院学生の四分の一は留学生であり，今後は学部学生の留学生比率もますます高まるであろうし，若年層人口が減少する中，わが国が確保すべき高度科学技術人材を海外に求めることもいよいよ本格化するであろう．工学の教育現場における国際化が急速に進むことは明らかである．そのような中，本学が教授すべき工学知を確固たる教程として示すことは国内に限らず，広く世界にも向けられるべきである．

　現代の工学を取り巻く状況を踏まえ，東京大学工学部・工学系研究科は，工学の基礎基盤を整え，科学技術先進国のトップの工学部・工学系研究科として学生が学び，かつ教員が教授するための指標を確固たるものとすることを目的として，時代に左右されない工学基礎知識を体系的に本工学教程としてとりまとめた．本工学教程は，東京大学工学部・工学系研究科のディシプリンの提示と教授指針の明示化であり，基礎（2年生後半から3年生を対象），専門基礎（4年生から大学院修士課程を対象），専門（大学院修士課程を対象）から構成される．したがって，工学教程は，博士課程教育の基盤形成に必要な工学知の徹底教育の指針でもある．工学教程の効用として次のことを期待している．

- 工学教程の全巻構成を示すことによって，各自の分野で身につけておくべき学問が何であり，次にどのような内容を学ぶことになるのか，基礎科目と自身の分野との間で学んでおくべき内容は何かなど，学ぶべき全体像を見通せるようになる．
- 東京大学工学部・工学系研究科のスタンダードとして何を教えるか，学生は何を知っておくべきかを示し，教育の根幹を作り上げる．
- 専門が進んでいくと改めて，新しい基礎科目の勉強が必要になることがある．そのときに立ち戻ることができる教科書になる．
- 基礎科目においても，工学部的な視点による解説を盛り込むことにより，常に工学への展開を意識した基礎科目の学習が可能となる．

東京大学工学教程編纂委員会　　委員長　加　藤　泰　浩

幹　事　吉　村　　忍

求　　幸　年

目　　次

は　じ　め　に

　意図したものか偶発的なものかにかかわらず固体に力が加えられたときに生じる固体の変形や破損挙動を定量的に把握することが，固体を適切に利用していくためにとても重要である．このための学問分野は固体力学，材料力学，あるいは構造力学とよばれる．理想化された固体の性質と力学に基づいて体系化したものが固体力学である．また，固体の破損・破壊現象を力学的に解明することを主な課題とする学問分野は材料強度学である．材料力学は，固体力学と材料強度学を2本柱とする学問分野である．一方，材料に着目すると同時に構造物の形と変形挙動に着目するとき，構造力学という呼び方をする．しかし，固体力学，材料力学，あるいは構造力学がカバーする内容はそれぞれに拡大してきており，その範囲はかなり重なり合っている．そこで，本工学教程においては，伝統的な意味においてではなく，現代的な意味において三者のカバーする領域を総称する学問分野として，材料力学という名称を使うこととする．材料力学は工学のほぼすべての分野に及ぶ基盤的な学問分野である．

　材料力学Ⅰでは，本工学教程の材料力学において扱う材料力学の位置づけを明確にした上で，材料の変形を表す基本力学量，1次元問題として記述できる構造要素，棒の座屈，熱荷重と熱応力，材料強度，構造設計の基本的な考え方や基礎式などについて説明した．その目的は，材料力学に関する基本的な考え方を学ぶだけでなく，材料力学から始まる工学の広がり，奥深さ，面白さを学ぶきっかけとなることを目指した．

　材料力学Ⅱでは，材料力学を工学のさまざまな分野において，実用レベルで活用する際に必要となる考え方と知識を説明した．まず，材料力学Ⅰで扱われた内容について，多次元問題として扱うなど一般化した説明を行った．具体的には，変形を表す基本力学量，変形を支配する基礎式，厚肉の円筒と球，平板，殻という構造の基本要素，熱応力と残留応力，一般的解法の基礎について説明した．さらに，材料力学Ⅱから扱う新しい問題として，材料非線形性と幾何学的非線形性の基礎，応力集中概念，破損・破壊現象，複合材料の基礎について説明した．最後に，材料力学と材料強度論を組み合わせて構造設計に応用するために必要となる知識の枠組みとして，荷重の性質と評価法，設計基準，不確実性の扱いなどに

ついて説明した.

　材料力学Ⅲでは,材料力学をさまざまな分野の先端的な問題に活用していくための橋渡しに必要な知識を説明する.第1章では非線形解析における応力とひずみの基本的な考え方を説明し,第2章では材料非線形,第3章では幾何学的非線形と座屈についてそれぞれ詳しく説明する.第4章では,材料力学Ⅰ,Ⅱでは扱ってこなかった,速度や加速度がゼロでない動的状態の理論と応用の要点を説明し,第5章では,熱過渡現象とそれに伴い生じる非定常熱応力について説明し,第6章では,2つの物体が接触することによって生ずる境界非線形(接触)について説明し,第7章では,破壊に関わる材料強度についてミクロスコピックな視点とマクロスコピックな視点について説明する.最後に,第8章では,材料力学Ⅰ,Ⅱではほとんど触れなかったさまざまな構造用材料の特性について,金属材料,セラミックス,高分子材料,複合材料,コンクリート,地盤材料について説明する.

　本工学教程では,刊行の趣旨に述べられているように,基本的にはⅠは基礎(2年生後半から3年生を対象),Ⅱは専門基礎(4年生から大学院修士課程を対象),Ⅲは専門(大学院修士課程を対象)としている.材料力学を学ぶ学生は工学部・工学系研究科では,建築・土木(社会基盤),航空宇宙,機械,船舶海洋,原子力,資源(地球),材料工学,応用物理,システム創成と幅広く,また,電気電子系や化学系でも,プラントやデバイスの設計や評価などで材料力学の知識を必要とする.また,それぞれの専門分野において,材料力学の各項目への重点の置き方も教える順番も異なる.さらに,材料力学を出発点として,周辺の学術分野へも幅広く展開する.

　以上のことから,材料力学Ⅰでは,どの専門分野を志向する学生であっても,この1冊で一応ほぼすべての観点を理解できるように内容を構成した.一方,材料力学を一般の専門(たとえば,機械,航空,建築・土木,原子力など)で使おうとする学生については,材料力学ⅠとⅡを連続して勉強することを勧める.ただし,専門分野の必要性に応じて,材料力学Ⅱの内容は部分的に読み飛ばしてもよい,という構成になっている.

　さらに,材料力学ⅠとⅡの内容だけでは,先端的な部分,たとえば有限要素法による非線形解析や動的解析などを理解するには不十分であるので,そこへの橋渡しとして材料力学Ⅲが準備されている.そのような要求を持つ読者は,材料力学Ⅰ,Ⅱ,Ⅲを継続して学習することが必要となる.材料力学Ⅰ,Ⅱ,Ⅲを読み

進めた読者には，それぞれの専門分野において材料力学を活用するとともに，その先に続くより広大で深遠な材料力学の世界を堪能して欲しい．

　なお，本書には基本理論と考え方をしっかりと記述しているので，別途演習を通して理解を深めて欲しい．

1 非線形解析における応力とひずみ

1.1 線形性の復習

　復習を兼ねて材料力学のもととなっている，3つの式に戻り非線形解析を考えてみよう．3つの式とは，次に示すひずみ-変位関係式，応力-ひずみ関係式（構成方程式），そして応力の釣合い式（平衡方程式）である．

$$\varepsilon_{ij} = \frac{1}{2}(u_{i,j} + u_{j,i}) \quad (i, j = 1, 2, 3) \tag{1.1a}$$

$$\sigma_{ij} = C_{ijkl}\varepsilon_{kl} \quad (i, j = 1, 2, 3) \tag{1.1b}$$

$$\sigma_{ij,i} = b_j \quad (j = 1, 2, 3) \tag{1.1c}$$

これらはすべて線形の関係式である．線形性を式(1.1a)を使って説明すると，変位ベクトル $\boldsymbol{u}^{(1)}$ と $\boldsymbol{u}^{(2)}$ がそれぞれひずみテンソル $\boldsymbol{\varepsilon}^{(1)}$ と $\boldsymbol{\varepsilon}^{(2)}$ をつくる場合，$\boldsymbol{u}^{(1)} + \boldsymbol{u}^{(2)}$ がつくるひずみが $\boldsymbol{\varepsilon}^{(1)} + \boldsymbol{\varepsilon}^{(2)}$ となり，$\alpha\boldsymbol{u}^{(1)}$（$\alpha$ は任意の実数）がつくるひずみが $\alpha\boldsymbol{\varepsilon}^{(1)}$ であることを意味する．

1.2 ひずみ-変位関係の非線形性

　式(1.1a)は，ひずみと変位の関係，正確にはひずみと変位の勾配の関係式である．変位には，剛体変位と剛体回転が含まれるため，材料の変形を表す指標としては不適当である．剛体変位をしても，剛体回転をしても，材料の形は変わらないが，変位関数は変わるからである．変位の勾配をとることで剛体変位を除去することができる．さらに剛体回転が微小な場合，勾配の対称部分をとることで剛体回転を除去することができる．式(1.1a)を変位を使ったひずみの定義式と考えれば，この定義では，剛体変位と微小な剛体回転を除いた変形の指標としてひずみが定義されることになる．

　剛体回転が大きい場合，変位の勾配の対称部分を計算するだけでは，剛体回転を完全に除くことができない．そもそも変位から計算される変形の指標には，さ

まざまなものが考えられる．どの指標が良いかを判定するためには，実験による
検証が一策である．変位が大きく，それに応じて変形も大きくなる場合，たとえ
ば次のようなひずみが提案されている．

$$\varepsilon_{ij} = \frac{1}{2}(u_{i,j} + u_{j,i}) + u_{k,i}u_{k,j} \quad (i, j = 1, 2, 3) \tag{1.2}$$

これは，材料のある微小な部分の変位関数に対して，その部分の長さの変化を変
位勾配の 2 次の項まで使って計算した指標である．新たに加わった右辺第 2 項の
結果，ひずみ-変位関係が非線形となる．

　厳密な変形の定義には数理的な取り扱いが必要である．材料の一部の変位を関
数 $\boldsymbol{\phi}(\boldsymbol{x}, t)$ を使って表す．これは点 $\boldsymbol{x}$ が時刻 t において点 $\boldsymbol{\phi}$ にあることを意味す
る関数である．簡単のため，時刻 $t = 0$ を基準とすると，変位は $\boldsymbol{\phi}(\boldsymbol{x}, t) - \boldsymbol{\phi}(\boldsymbol{x}, 0)$
と表される．この変位の自然な勾配 $\partial(\boldsymbol{\phi}(\boldsymbol{x}, t) - \boldsymbol{\phi}(\boldsymbol{x}, 0))/\partial\boldsymbol{x}$ の解釈に工夫が必要
である．時刻 t での材料の一部と，時刻 $t = 0$ の材料の一部を切り分けて考えて
みる．短い時間であれば同じ座標系が使えそうであるが，t が大きいと座標系を
変えたほうが便利である．時刻 t での変位は t での座標系，点 $\boldsymbol{x}$ の位置は $t = 0$
での座標系を使うことになる．なお，t が小さい場合，もしくは変形が小さい場
合，座標系を変える必要はない．これが**微小変形の仮定**とよばれ，この仮定から
式(1.1a)のようなひずみ-変位関係が導かれる．微小変形を仮定しないと，図 1.1
に示すように 2 つの座標系が必要となる．すなわち，次の変位関数は，変形前の
時刻 $t = 0$ の座標系で測る $\boldsymbol{x}$ を使って，変形後の時刻 t の座標系で測る $\boldsymbol{u}$ を与え
ることになる．

$$\boldsymbol{u}(\boldsymbol{x}, t) \equiv \boldsymbol{\phi}(\boldsymbol{x}, t) - \boldsymbol{\phi}(\boldsymbol{x}, 0) \tag{1.3}$$

関数 $\boldsymbol{\phi}$ の逆関数 $\boldsymbol{\phi}^{-1}$ が存在し，$\boldsymbol{x}^t = \boldsymbol{\phi}(\boldsymbol{x}, t)$ の逆変換を $\boldsymbol{x} = \boldsymbol{\phi}^{-1}(\boldsymbol{x}^t, t)$ とすると，
$\boldsymbol{x}$ の関数であった変位 $\boldsymbol{u}$ を

$$\boldsymbol{u}^t(\boldsymbol{x}^t, t) \equiv \boldsymbol{x}^t - \boldsymbol{\phi}(\boldsymbol{\phi}^{-1}(\boldsymbol{x}^t, t), 0) \tag{1.4}$$

のように $\boldsymbol{x}^t$ の関数に書き直すことができる（$\boldsymbol{x}^t$ の上添字 t は時刻 t を表す）．こ
れは変形後の時刻 t の座標系で測る $\boldsymbol{x}^t$ を使って，変形後の時刻 t の座標系で測
る $\boldsymbol{u}^t$ を与える逆関数が存在することを意味する．すなわち，$\boldsymbol{x}$ と $\boldsymbol{x}^t$ が 1 対 1 に
対応するという自然な仮定のもとで，厳密に $\boldsymbol{u}$ から $\boldsymbol{u}^t$ を定義することができ，

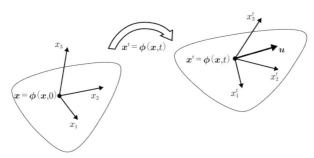

変位 $\boldsymbol{u}$ 成分は時刻 t の $\boldsymbol{x}^t$ の座標系で計測し，点 $\phi\,(\boldsymbol{x}, t)$ の位置は時刻 0 の $\boldsymbol{x}$ 座標系で計測する．

図 1.1　関数 $\phi(\boldsymbol{x}, t)$ と点 $\boldsymbol{x}$ と点 $\boldsymbol{x}^t$ での座標系

さらに，$\boldsymbol{u}^t$ は同一の座標系で測る点と変位を扱う関数であるから，異なる座標系で測る点と変位を扱う関数 $\boldsymbol{u}$ に比べ，便利であることは確かである．しかし，式の形は複雑である．式(1.4)は，時刻 t の座標系で時間 $t=0$ の位置を測ることを意味している．2 つの座標系を使う関数 $\boldsymbol{u}$ を使ってひずみを定義するひずみ-変位関係を記述するか，それとも 1 つの座標系を使うものの複雑な変位関数 $\boldsymbol{u}^t$ を使ってひずみ-変位関係を記述するかは，なかなか判断が難しいところである．数理的に厳密な取扱いは不可欠であるが，判断には，物理的な実験や観測が必要であり，実験や観測の結果に合う選択をすることが適切であろう．ひずみ-変位の非線形関係については第 3 章で詳述する．

1.3　応力-ひずみ関係の非線形性

　式(1.1b)は，応力とひずみの関係式である．ひずみが微小な場合，ひずみに関して線形に応力が変化することは自然である．逆にひずみが大きくなると，ひずみに関する応力の変化は非線形となる．この点を明確にするため，弾性材料を考えてみよう．弾性材料は，応力がひずみのみの関数を使って決定できる材料である．この関数を f_{ij} とすると，

$$\sigma_{ij} = f_{ij}(\varepsilon_{kl}) \quad (i, j = 1, 2, 3) \tag{1.5}$$

となる. ひずみ ε がゼロの場合に応力 **σ** もゼロであることを仮定すると, 右辺は次式のように Taylor(テイラー)展開することができる.

$$f_{ij}(\varepsilon_{kl}) = \frac{\partial f_{ij}}{\partial \varepsilon_{kl}} \varepsilon_{kl} + \frac{\partial^2 f_{ij}}{\partial \varepsilon_{kl} \partial \varepsilon_{mn}} \varepsilon_{kl} \varepsilon_{mn} + \cdots \tag{1.6}$$

上式において, 第1項の係数 $\partial f_{ij}/\partial \varepsilon_{kl}$ が**弾性テンソル**に対応し, 第2項以降が非線形項となる. ε が小さく第2項以降が無視できる場合は線形弾性となる. 第2項以降が無視できない場合は非線形弾性となる.

式(1.5)は応力とひずみの関係という物理現象を表す式である. ひずみ-変位関係で使った関数 **φ** を使って, この物理現象を数理的に表すためには, まず, 応力とひずみの関数を厳密に定義することが必要となる. たとえば, **u**' は時刻 t の座標系で測る点と変位の関係を与える関数であった. 同様に, 時刻 t の座標系で測る点とひずみの関数を使う場合, 応力-ひずみ関係を記述するためには, 応力も時刻 t の座標系で測る点と応力の関数であることが望ましい. 関数 **φ** と逆関数 **φ**⁻¹ を使うことで, 2つの変位の関数 **u** と **u**' が定義できるように, ひずみや応力に対しても, 同一ないし異なる座標系を使う最低4つの関数を定義することができる. 応力-ひずみ関係は, 同じ座標系を使う関数を使って記述することが望ましい.

応力-ひずみ関係の代わりに, 変形に関するエネルギー密度を使うことがある. 弾性の場合, ひずみの関数である**弾性ひずみエネルギー密度**を w とすると, 応力は

$$\sigma_{ij} = \frac{\partial w}{\partial \varepsilon_{ij}} \tag{1.7}$$

として w の勾配として定義される[*1]. スカラー量である w は, 4階テンソルである弾性テンソル C_{ijkl} に比べて馴染みやすいことは確かである. もちろん $w = (1/2)C_{ijkl}\varepsilon_{ij}\varepsilon_{kl}$ であり, 応力-ひずみ関係に w を使うか C_{ijkl} を使うかには本質的な差はない.

工学では, 弾性についで, 弾塑性が使われることが多い. 応力とひずみの関係が1対1である弾性に対し, 塑性では, 応力がひずみに加えて変形の履歴に依存

[*1] 工学教程『材料力学II』の 2.3 節を参照のこと.

する．弾塑性は，弾性と塑性が組み合わさった現象である．弾塑性の一般的な定式化は，次のひずみ増分の分解から始まる．

$$\mathrm{d}\varepsilon_{ij} = \mathrm{d}\varepsilon_{ij}^e + \mathrm{d}\varepsilon_{ij}^p \tag{1.8}$$

ここで d は増分を表す記号である．なお，準静的状態では増分は外力の微小な増加に伴う変形などの微小な増加を意味する．第 4 章で詳述するように，より一般的な動的状態では，増分は速度に対応する．上付添え字 e と p はそれぞれ弾性と塑性を意味する．弾性ひずみ増分は弾性テンソルを介して次式のように応力増分を与える．

$$\mathrm{d}\sigma_{ij} = C_{ijkl}\mathrm{d}\varepsilon_{kl}^e \tag{1.9}$$

　弾性に比べて塑性は複雑である．弾塑性では，通常，塑性は応力の関数である**降伏関数**によって記述される．具体的には，1)塑性変形がない状態では降伏関数は負，2)塑性変形が起こる状態では降伏関数はゼロとして塑性状態の発現を記述する．そして，3)降伏関数の応力に関する勾配が塑性ひずみ増分を与えるとして塑性変形を記述する．降伏関数を f とすると，3)は

$$\mathrm{d}\varepsilon_{ij}^p = \mathrm{d}\lambda(\nabla f)_{ij} \tag{1.10}$$

と記述される．ここで $(\nabla f)_{ij} \equiv \partial f/\partial\sigma_{ij}$ である．式(1.10)は**流れ則**とよばれる．また λ は**塑性定数**とよばれ，λ を使うと，先述した 1)と 2)は

$$\begin{cases} \mathrm{d}\lambda = 0 & f < 0 \\ \mathrm{d}\lambda \neq 0 & f = 0 \end{cases} \tag{1.11}$$

と記述される．ここで弾塑性を整理すると，未知の増分の物理場の数は，変位 3，ひずみ 6，弾性/塑性ひずみ 12，応力 6，そして塑性定数 1 の計 28 である．一方，式の数は，変位-ひずみ関係から変位増分-ひずみ増分関係 6，ひずみ増分の分解式(1.8)が 6，応力増分-弾性ひずみ増分関係 6，流れ則(1.10)が 6，応力増分の釣合い式 3 の計 27 である．残りの 1 つの式は，式(1.11)より導かれる．これは塑性状態が続く場合，降伏関数の増分がゼロという条件，

$$\mathrm{d}f = (\nabla f)_{ij}\mathrm{d}\sigma_{ij} = 0 \tag{1.12}$$

である．これは**整合条件**あるいは**適合条件**，**適応条件**(consistency condition)と

よばれる．応力増分は式(1.8)，(1.9)，(1.10)より

$$d\sigma_{ij} = C_{ijkl}(d\varepsilon_{kl} - d\lambda(\nabla f)_{kl}) \tag{1.13}$$

と計算されるので，それを式(1.12)に代入し，$d\lambda$ を求めると，

$$d\lambda = \frac{(\nabla f)_{ij}C_{ijkl}d\varepsilon_{kl}}{(\nabla f)_{ij}C_{ijkl}(\nabla f)_{kl}} \tag{1.14}$$

となる．以上のように，弾塑性では 28 の未知数に対し 28 の式がある．このうち，式(1.8)，(1.9)，(1.10)，(1.14)より弾性ひずみ，塑性ひずみ，塑性定数の増分を消去すると，次の応力増分-ひずみ増分関係が導かれる．

$$d\sigma_{ij} = \left(C_{ijkl} - \frac{C_{ijpq}(\nabla f)_{pq}C_{klrs}(\nabla f)_{rs}}{(\nabla f)_{pq}C_{pqrs}(\nabla f)_{rs}} \right)d\varepsilon_{kl} \tag{1.15}$$

上式のカッコの中の 4 階のテンソルは**弾塑性テンソル**とよばれる．降伏関数が応力の非線形な関数であれば，弾塑性テンソルも応力の非線形な関数となる．また降伏関数の値がゼロから負に下がると，塑性状態から弾性状態に戻る[*2]．この結果，弾塑性テンソルが弾性テンソルに代わるという，非線形性を超えた不連続性を応力増分-ひずみ増分関係がもつことになる．応力-ひずみ関係の非線形性については第 2 章で詳述する．

1.4   釣合い式の非線形性

1.2 節において関数 ϕ を使って厳密に変形を定義した．この定義をもとに，より正確に応力テンソルを定義することができる．いままで使ってきた応力テンソルは，通常，**Cauchy**（コーシー）**応力**とよばれ，$\phi(\boldsymbol{x}, t)$ の点でその点での座標系を使って定義されている．変形と同様に時刻ゼロの点 $\phi(\boldsymbol{x}, 0)$ やその座標系を使って，Cauchy 応力から別の応力を定義し，同時に式(1.1c)の釣合い式を別の式に変換することができる．新しく定義された応力が満たす式には，関数 $\phi(\boldsymbol{x}, t)$ が使われることになる．

[*2]   工学教程『材料力学Ⅰ』の 2.2.4 項 b，および『材料力学Ⅱ』の 6.1.1 項で述べた弾性除荷に対応する．

Cauchy 応力を $\boldsymbol{\sigma}(\boldsymbol{x}')$ とすると，$\boldsymbol{x}'=\boldsymbol{\phi}(\boldsymbol{x}, t)$ より，時刻ゼロでの点 $\boldsymbol{x}$ の関数として次の応力を定義することができる.

$$\boldsymbol{T}(\boldsymbol{x}, t) \equiv \boldsymbol{\sigma}(\boldsymbol{\phi}(\boldsymbol{x}, t)) \tag{1.16}$$

この応力テンソルは $\boldsymbol{\phi}(\boldsymbol{x}, t)$ の座標系で測られているが，関数としては元の点 $\boldsymbol{x}$ によって決まる関数となっている．$\boldsymbol{T}(\boldsymbol{\phi}^{-1}(\boldsymbol{x}'))=\boldsymbol{\sigma}(\boldsymbol{x}')$ であるから，応力の釣合い式(1.1c)の右辺を書き換えると，

$$\sigma_{ij,j} = T_{ij,k}\phi_{k,j}^{-1} \tag{1.17}$$

となる．Cauchy 応力の釣合い式は物理法則であり，これを変えることはできないことに注意が必要である．一方，ひずみはある意味恣意的[*3]に定義することができる．材料によっては，応力-ひずみ関係に関数 $\boldsymbol{\phi}$ を使って定義されたひずみや応力を使うことが適するものがある．このような材料では，$\boldsymbol{\phi}$ を使って釣合い式を数理的に変換することが必要となる．上式のように，数理的に変換された釣合い式は，応力と変形の関数が掛け合わされた式となる．非線形問題の応力の釣合い式の扱いについては第3章で詳述する.

[*3]　関数 $\boldsymbol{\phi}$ を使って，いろいろなひずみを定義することが可能である．この意味で恣意的である．一方，Cauchy 応力は物理的な「実体」であり，釣合い式という物理法則を満たしている．このため，関数 $\boldsymbol{\phi}$ を使う数理変換で定義される応力は，Cauchy 応力と等価でなければならず，釣合い式と等価な式を満たさねばならない．変換は恣意的であるが，応力自体は常に Cauchy 応力と等価である点に注意が必要である.

2 材 料 非 線 形

　構造体の変形を考えるうえでは，多くの場合に材料の非可逆変形を考慮する必要がある．**非可逆変形**とは，材料に大きな外力を加え変形させた後，外力を除いても元の形に戻らない変形をいう．このような非可逆変形は**非弾性**ともよばれ，大きく分けて塑性変形と粘性の 2 通りの変形様式がある．**塑性変形**とは，外力を取り除いたときの形と外力を負荷する前の形の差(残留変形)が時間とともに変化しない場合の変形であり，**粘性**とは残留変形が時間とともに変化する場合の変形である．

　なお，金属材料の非可逆変形においては，時としてひずみは数十 % 程度になることがあり，微小変形の枠組みでは記述できなくなる．そのような幾何学的非線形に関する取り扱いについては次章で詳述する．本章では，非可逆変形を記述するための定式化の考え方を微小変形の枠組みで説明する．

2.1 塑 性 変 形

2.1.1 弾 性 と 塑 性

　工学教程『材料力学 I 』の 2.2.4 項および『材料力学 II 』の 6.1 節で説明したように，たとえば金属材料に一軸の引張試験を実施すると，一般には以下のような変形履歴をたどることが知られている．

　(1)荷重が十分に小さい場合，荷重を増加させる状態と減少させる状態において，荷重が同じであれば試験片の形状はほぼ一致する．このとき，荷重を増加させたときにたどった応力-ひずみ関係と荷重を徐々に取り除いたときにたどる応力-ひずみ関係もほぼ一致する．つまり，応力-ひずみ関係は 1 対 1 関係を満たす．

　(2)さらに荷重を大きくし荷重がある閾値を超えると，荷重を増加させたときの応力-ひずみ関係は荷重を減少させたときとは異なる関係を示すようになり，荷重をゼロの状態に戻しても，荷重を負荷する前の形状には戻らなくなる．つまり，応力-ひずみ関係は 1 対 1 の関係を満たさない．

(1)のような変形を弾性変形とよび，(2)のような変形を塑性変形とよぶ．図 2.1 は金属材料を一軸に引張試験をしたときに得られる典型的な応力-ひずみ関係の模式図である．実線が弾性変形，破線が塑性変形に対応する．弾性変形から塑性変形に移行する応力 σ_{ys} を**降伏応力**または**流動応力**とよび，降伏応力以下では材料は弾性変形し，降伏応力を超えてさらに材料を変形させると塑性変形する．また，一度塑性変形した材料であっても，荷重が降伏応力を下回る領域では弾性変形する．ひずみを増加させ塑性変形が生じ続ける状態(塑性状態)を保持することを**負荷**とよび，荷重を減少させ弾性変形の状態に戻すことを**除荷**とよぶ．また，弾性変形とは応力-ひずみ関係が 1 対 1 の関係を示すことをいい，応力-ひずみ関係は必ずしも直線関係(線形関係)となる必要は無い．直線関係の弾性は**線形弾性**，非直線の関係の弾性は**非線形弾性**とよばれる．

2.1.2 流　れ　則

前述のように塑性状態においては，応力とひずみは 1 対 1 の関係を示さない．そのため，一般には Hooke(フック)の法則以外にひずみ増分と応力増分の間の対応関係を記述する新たな関係式が必要であり，その関係式を**流れ則**，あるいは発展則とよぶ．ここではまず，1 次元の単純引張($\sigma>0$)に対して塑性変形の基本的な記述方法を説明する．

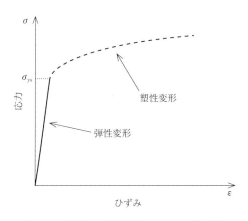

図 2.1　典型的な金属材料の応力-ひずみ曲線

a. 1 次元弾完全塑性体

図 2.2 に示すような応力-ひずみ関係を考える．このモデルでは，初期状態から荷重を増加させると，応力 σ が降伏応力 σ_{ys} に達するまでは弾性変形し，その間の応力 σ とひずみ ε は Hooke の法則に従い

$$\sigma = \mu\varepsilon \tag{2.1}$$

となる．ここで μ は材料定数であり，弾性定数とよばれる．さらに応力 σ が増加し，降伏応力 σ_{ys} に達すると塑性状態となる．つまり，弾性状態から塑性状態への移行を規定する条件(降伏条件とよぶ)は

$$f(\sigma) = \sigma - \sigma_{ys} = 0 \tag{2.2}$$

で与えられ，このような塑性状態を規定する関数 $f(\sigma)$ を一般に降伏関数とよぶ．また，塑性状態から除荷し弾性状態となると ($f(\sigma) < 0$)，応力-ひずみ関係は初期状態と同様の勾配 μ をもつ 1 対 1 の関係となる．いま考えているモデルでは，降伏応力 σ_{ys} はひずみ増加とは無関係に一定値になると近似しており，このようなモデルを**弾完全塑性体**とよぶ．

このようなモデルを記述するうえでは，ひずみ ε は弾性ひずみ ε^e と塑性ひずみ ε^p の和として

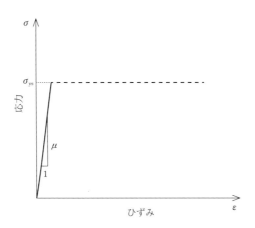

図 **2.2**　弾完全塑性体の応力-ひずみ曲線

$$\varepsilon = \varepsilon^e + \varepsilon^p \tag{2.3}$$

と記述すると便利である．この場合，ε^e は変形履歴に依存せず，応力 σ のみで決定され

$$\sigma = \mu \varepsilon^e \tag{2.4}$$

と記述できる．一方で，塑性ひずみ ε^p は変形履歴に依存するため，一般には外力の微小な変化に対する増分の累積として考える．1 次元のモデルでは，塑性ひずみの増分 $\mathrm{d}\varepsilon^p$ は応力 σ の方向と等しいため，$\mathrm{d}\varepsilon^p$ は応力の関数として

$$\mathrm{d}\varepsilon^p = \lambda\sigma \quad \lambda > 0 \tag{2.5}$$

と表される．このような応力や変形履歴と塑性ひずみの増分の関係を流れ則とよぶ．λ は材料定数ではなく，一般には応力や変形履歴の関数となる．つまり，弾性状態を含め塑性ひずみの増分は

$$\mathrm{d}\varepsilon^p = \lambda\sigma$$
$$\begin{cases} \lambda > 0 & f(\sigma) = 0 \\ \lambda = 0 & f(\sigma) < 0 \end{cases} \tag{2.6}$$

と記述することができる．

b. 硬化弾塑性体

より一般的な材料の挙動では，降伏応力 σ_{ys} は一定ではなく，塑性状態で変形が進行するに伴い大きくなる．これを**加工硬化**とよぶ．加工硬化を考慮したモデルは硬化弾塑性体とよばれるが，ここでは図 2.3 に示されるような降伏応力 σ_{ys} がひずみの増加に伴い線形に増加するモデルを考える．このようなモデルを**線形硬化弾塑性体**とよぶ．

この場合も，ひずみ ε は弾性ひずみ ε^e と塑性ひずみ ε^p の和として記述すると便利である．弾性ひずみ ε^e は弾完全塑性体と同様に応力 σ のみで与えられ式 (2.4) となる．また，塑性ひずみの増分 $\mathrm{d}\varepsilon^p$ は流れ則を用いて式 (2.5) となる．

それでは，降伏関数 $f(\sigma)$ の具体的な表現はどのようになるのであろうか．図 2.3 から降伏応力とひずみの関係は

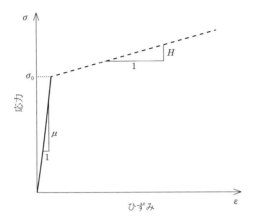

図 **2.3**　線形硬化弾塑性体の応力-ひずみ曲線

$$\sigma_{ys} = \sigma_0 + H\left(\varepsilon - \frac{\sigma_0}{\mu}\right) \tag{2.7}$$

で与えられる. 式 (2.7) のひずみ ε を弾性ひずみ ε^e と塑性ひずみ ε^p に分解し, 式 (2.4) を代入すると

$$\sigma_{ys} = \sigma_0 + H\left(\frac{\sigma_{ys}}{\mu} + \varepsilon^p - \frac{\sigma_0}{\mu}\right) \tag{2.8}$$

となる. 上式をさらに整理すると

$$\sigma_{ys} = \sigma_0 + \varepsilon^p \frac{H\mu}{\mu - H} \tag{2.9}$$

となる. つまり, このモデルにおける降伏条件は

$$f(\sigma) = \sigma - (\sigma_0 + H'\varepsilon^p)$$
$$H' = \frac{H\mu}{\mu - H} \tag{2.10}$$

となる.

　それでは, 次に λ はどのように与えられるであろうか. 塑性状態では常に降

伏条件式(2.10)を満たすことから，塑性状態での応力の増分 $d\sigma$ と塑性ひずみの増分 $d\varepsilon^p$ は常に次の関係式を満たすことがわかる．

$$df = d\sigma - H'd\varepsilon^p = 0 \tag{2.11}$$

この関係を整合条件とよぶ．

　最後に式(2.5)と式(2.11)を用いて，

$$\lambda = \frac{1}{H'}\frac{d\sigma}{\sigma} \tag{2.12}$$

となることがわかる．式(2.5)と式(2.12)より，塑性ひずみの増分 $d\varepsilon^p$ は応力の増分 $d\sigma$ と次式のように関連づけられる．

$$d\varepsilon^p = \frac{1}{H'}d\sigma \tag{2.13}$$

c. 法　線　則

　次に，多次元の場合について説明する．ここでは1次元モデルにおける塑性変形の考え方を多次元へ拡張する．まず，1次元モデルにならい多次元でもひずみ ε_{ij} は弾性ひずみ ε_{ij}^e と塑性ひずみ ε_{ij}^p に分解できるとする．

$$\varepsilon_{ij} = \varepsilon_{ij}^e + \varepsilon_{ij}^p \tag{2.14}$$

ここで，弾性ひずみ ε_{ij}^e は応力 σ_{ij} と Hooke の法則に従い，

$$\sigma_{ij} = C_{ijkl}\varepsilon_{kl}^e \tag{2.15}$$

となる．また，塑性ひずみ ε_{ij}^p はその増分 $d\varepsilon_{ij}^p$ の変形履歴に沿った経路での累積値として与えられる．流れ則としては，1次元モデルとは異なり，多次元では塑性ひずみの方向を決定づける法則が必要になる．一般には変形の安定性の議論から以下のように求まる．材料の任意の塑性変形に対する安定条件は，次の **Hill-Mandel**(ヒル-マンデル)**の最大塑性仕事の原理**とよばれる式で与えられる．

$$(\sigma_{ij} - \sigma_{ij}^0)d\varepsilon_{ij}^p \geq 0 \tag{2.16}$$

ここで，σ_{ij}^0 は変形履歴の開始時の任意の応力状態である．いま降伏条件が

$$f(\sigma_{ij}, \bar{\varepsilon}^p)=0 \tag{2.17}$$

で表されるとする．ここで，関数 $f=0$ は応力空間[*1]内で定義される曲面であ
り，f は降伏関数，$f=0$ は降伏条件，降伏条件を応力空間で表示したものが**降伏
曲面**とよばれる．いったん初期の降伏条件に達した後に負荷が継続すると，降伏
曲面が負荷とともに拡大したり移動し，応力状態は常に降伏曲面上に存在する．
一方，その途中で除荷が生じると，応力状態は降伏曲面の内側に入り弾性状態と
なる．また，$\bar{\varepsilon}^p$ は変形履歴を一意的に表すパラメータとして導入されたスカ
ラー量であり，一般には**相当塑性ひずみ**[*2]とよばれ，

$$\bar{\varepsilon}^p=\int_0^t \sqrt{\frac{2}{3}\dot{\varepsilon}_{ij}^p\dot{\varepsilon}_{ij}^p}\,\mathrm{d}t \tag{2.18}$$

と定義される．ここで，$\dot{\varepsilon}_{ij}^p$ は塑性ひずみ速度を表す．このとき，塑性ひずみ増
分 $\mathrm{d}\varepsilon_{ij}^p$ が相当塑性ひずみ $\bar{\varepsilon}^p$ と応力状態 σ_{ij} に対し唯一に定まるとすると，上記の
安定条件式(2.16)から，降伏関数 $f(\sigma_{ij}, \bar{\varepsilon}^p)$ は応力空間内で凸関数[*3]である必要
があり，さらに塑性ひずみ増分 $\mathrm{d}\varepsilon_{ij}^p$ は降伏曲面 $f(\sigma_{ij}, \bar{\varepsilon}^p)=0$ の法線方向に平行と
なることが導かれる．図2.4に応力空間上の降伏曲線と塑性ひずみ増分の関係を
模式的に示す．つまり多次元における流れ則は一般には

$$\mathrm{d}\varepsilon_{ij}^p=\lambda\frac{\partial f}{\partial\sigma_{ij}}$$
$$\begin{cases}\lambda>0 & f(\sigma_{ij}, \bar{\varepsilon}^p)=0 \\ \lambda=0 & f(\sigma_{ij}, \bar{\varepsilon}^p)<0\end{cases} \tag{2.19}$$

となる．この法則を**法線則**という．多軸応力状態における降伏条件については，
2.1.5項でも再度述べる．
　以上の結果より，応力増分 $\mathrm{d}\sigma_{ij}$ とひずみ増分 $\mathrm{d}\varepsilon_{ij}$ は次の関係式を満たすことに

[*1]　応力空間とは，工学教程『材料力学II』の2.1節で説明した座標系の選び方に依存しない不変量
　　　である3つの主応力 σ_1, σ_2, σ_3 を軸として表現した空間のこと．
[*2]　工学教程『材料力学II』の2.1節のMises相当応力も参照のこと．
[*3]　凸関数とは，ある区間で定義された実数値関数 f で，区間内の任意の2点 x, y と開空間 $(0,1)$
　　　内の任意の t に対して $f(tx+(1-t)y)\leq tf(x)+(1-t)f(y)$ を満たすものをいう．より詳しく
　　　は工学教程『微積分』の3.7節を参考のこと．

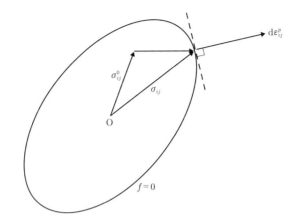

図 2.4 応力空間上の降伏曲面と塑性ひずみ増分の関係の模式図

なる.

$$d\sigma_{ij} = C_{ijkl}\left(d\varepsilon_{kl} - \lambda\frac{\partial f}{\partial \sigma_{kl}}\right) \tag{2.20}$$

なお，ここではまだ λ の具体的な形式は与えられていないことに注意を要する.

　次に λ を具体的に導く．以下では弾完全塑性体と硬化弾塑性体のそれぞれに対して考察する.

2.1.3 弾 完 全 塑 性 体

　まず1次元の場合と同様に整合条件を考える．つまり塑性状態では常に降伏条件式(2.17)が成立することを用いる．弾完全塑性体の場合には降伏関数は塑性変形量に依存せず一定となることから，応力増分 $d\sigma_{ij}$ は

$$df = \frac{\partial f}{\partial \sigma_{ij}}d\sigma_{ij} = 0 \tag{2.21}$$

を満たす．さらに式(2.20)を式(2.21)に代入することで，

$$\mathrm{d}f = \frac{\partial f}{\partial \sigma_{ij}} C_{ijkl} \left(\mathrm{d}\varepsilon_{kl} - \lambda \frac{\partial f}{\partial \sigma_{kl}} \right) = 0 \qquad (2.22)$$

となり，λ は

$$\lambda = \frac{1}{H} \frac{\partial f}{\partial \sigma_{ij}} C_{ijkl} \mathrm{d}\varepsilon_{kl} \qquad (2.23)$$

となる．ここで，

$$H \equiv \frac{\partial f}{\partial \sigma_{ij}} C_{ijkl} \frac{\partial f}{\partial \sigma_{kl}} \qquad (2.24)$$

とおいた．

2.1.4　硬化弾塑性体

　材料の加工硬化を記述する方法はさまざまに提案されているが，ここでは広く用いられている 3 つの代表的なモデルについて考察する．なお，工学教程『材料力学 II』の 6.1.2 項も参照のこと．

a.　等方硬化モデル

　加工硬化を表現するもっとも単純な仮定として，降伏曲面 $f(\sigma_{ij}, \bar{\varepsilon}^p) = 0$ が図 2.5 に示すように，形と中心座標を変えず等方に拡大するモデルを考える．このような加工硬化の仕方を**等方硬化則**とよぶ．この場合，降伏関数は次式のように与えられる．

$$f(\sigma_{ij}, \bar{\varepsilon}^p) = f_0(\sigma_{ij}) - k(\bar{\varepsilon}^p) = 0 \qquad (2.25)$$

ここで，$f_0(\sigma_{ij}) = 0$ は変形前の降伏曲面であり，$k(\bar{\varepsilon}^p)$ は降伏曲面の大きさを表す指標で $\bar{\varepsilon}^p$ に対し単調増加する関数である．この場合，式 (2.19) の流れ則は

$$\mathrm{d}\varepsilon_{ij}^p = \lambda \frac{\partial f_0}{\partial \sigma_{ij}} \qquad (2.26)$$

で与えられる．

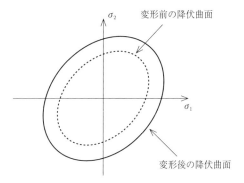

図 **2.5**　等方硬化則に従う降伏曲面

　この場合も弾完全塑性体と同様にまず整合条件を考える．つまり塑性状態では常に降伏条件式(2.25)が成立するので，塑性ひずみの増分 $\mathrm{d}\varepsilon_{ij}^{p}$ と応力増分 $\mathrm{d}\sigma_{ij}$ は

$$\mathrm{d}f = \frac{\partial f_0}{\partial \sigma_{ij}}\mathrm{d}\sigma_{ij} - \frac{\partial k}{\partial \bar{\varepsilon}^{p}}\mathrm{d}\bar{\varepsilon}^{p} \tag{2.27a}$$

$$= \frac{\partial f_0}{\partial \sigma_{ij}}\mathrm{d}\sigma_{ij} - \frac{\partial k}{\partial \bar{\varepsilon}^{p}}\sqrt{\frac{2}{3}\mathrm{d}\varepsilon_{ij}^{p}\mathrm{d}\varepsilon_{ij}^{p}} = 0 \tag{2.27b}$$

を満たす．上式に流れ則(2.26)を代入することで

$$\mathrm{d}f = \frac{\partial f_0}{\partial \sigma_{ij}}\mathrm{d}\sigma_{ij} - \lambda\frac{\partial k}{\partial \bar{\varepsilon}^{p}}\sqrt{\frac{2}{3}\frac{\partial f_0}{\partial \sigma_{ij}}\frac{\partial f_0}{\partial \sigma_{ij}}} = 0 \tag{2.28}$$

を得る．以上より，

$$\lambda = \frac{1}{H}\frac{\partial f_0}{\partial \sigma_{ij}}\mathrm{d}\sigma_{ij} \tag{2.29}$$

$$H \equiv \frac{\partial k}{\partial \bar{\varepsilon}^{p}}\sqrt{\frac{2}{3}\frac{\partial f_0}{\partial \sigma_{ij}}\frac{\partial f_0}{\partial \sigma_{ij}}} \tag{2.30}$$

となり，塑性状態における塑性ひずみの増分 $\mathrm{d}\varepsilon_{ij}^{p}$ は

$$d\varepsilon_{ij}^p = \frac{1}{H}\frac{\partial f_0}{\partial \sigma_{ij}}\frac{\partial f_0}{\partial \sigma_{kl}}d\sigma_{kl} \tag{2.31}$$

となる．ここで，H は**加工硬化係数**とよばれ，加工硬化の程度を示す指標である．

b.　移動硬化モデル

　等方硬化則では，材料の加工硬化は降伏曲面の大きさを表す指標 k が塑性変形の進行に伴い増大するというモデルであった．つまり除荷後に再負荷したときの降伏応力の応力レベルは応力の負荷方向に依存せず，最後に経験した降伏応力と同じになると仮定されている．しかし，たとえば金属の場合，過去に経験した負荷の方向と逆方向に負荷したとき，降伏応力の応力レベルは最後の降伏応力より低くなることがある．この現象は **Bauschinger**(バウシンガー)**効果**とよばれている．このような塑性変形を再現するための方法として，降伏曲面の中心位置が負荷とともに移動するモデルが広く用いられる．このような加工硬化を**移動硬化則**とよぶ．

　移動硬化モデルでは，**背応力**とよばれる降伏曲面の中心座標 α_{ij} を導入することで，降伏関数を次式のように与える．

$$f(\sigma_{ij}, \alpha_{ij}) = f_0(\sigma_{ij} - \alpha_{ij}) - k \tag{2.32}$$

ここで，k は定数となる．図 2.6 に移動硬化モデルの降伏関数の概形を示す．この場合も，流れ則は

$$d\varepsilon_{ij}^p = \lambda\frac{\partial f_0}{\partial \sigma_{ij}} \tag{2.33}$$

で与えられる．一方で整合条件は

$$df = \frac{\partial f_0}{\partial \sigma_{ij}}d\sigma_{ij} + \frac{\partial f_0}{\partial \alpha_{ij}}d\alpha_{ij} \tag{2.34a}$$

$$= \frac{\partial f_0}{\partial \sigma_{ij}}d\sigma_{ij} - \frac{\partial f_0}{\partial \sigma_{ij}}d\alpha_{ij} = 0 \tag{2.34b}$$

となる．

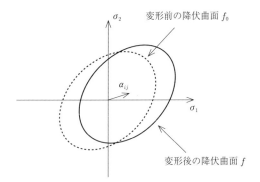

図 **2.6** 移動硬化則に従う降伏局面

α_{ij} の発展方程式としてはさまざまに考えられるが，ここではもっとも簡単な
モデルとして **Prager**（プラガー）**の硬化則**に従って考察する．Prager の硬化則で
は背応力の増分 $d\alpha_{ij}$ の方向は塑性ひずみの増分 $d\varepsilon_{ij}^p$ の方向と一致すると仮定す
る．つまり，α_{ij} の発展方程式を次式で与える．

$$d\alpha_{ij} = C d\varepsilon_{ij}^p \tag{2.35}$$

ここで C は定数である．この場合，整合条件式（2.34b）より

$$\frac{\partial f_0}{\partial \sigma_{ij}} d\sigma_{ij} = C\lambda \frac{\partial f_0}{\partial \sigma_{ij}} \frac{\partial f_0}{\partial \sigma_{ij}} \tag{2.36}$$

となり，

$$\lambda = \frac{1}{H} \frac{\partial f_0}{\partial \sigma_{ij}} d\sigma_{ij} \tag{2.37}$$

を得る．ここで加工硬化係数 H は

$$H \equiv C \frac{\partial f_0}{\partial \sigma_{ij}} \frac{\partial f_0}{\partial \sigma_{ij}} \tag{2.38}$$

となる．

以上より，塑性ひずみ増分 $d\varepsilon_{ij}^p$ は

$$\mathrm{d}\varepsilon_{ij}^{p} = \cfrac{\cfrac{\partial f_0}{\partial \sigma_{ij}} \cfrac{\partial f_0}{\partial \sigma_{kl}}}{C \cfrac{\partial f_0}{\partial \sigma_{mn}} \cfrac{\partial f_0}{\partial \sigma_{mn}}} \mathrm{d}\sigma_{kl} \tag{2.39}$$

となり，$\mathrm{d}\alpha_{ij}$ は

$$\mathrm{d}\alpha_{ij}^{p} = \cfrac{\cfrac{\partial f_0}{\partial \sigma_{ij}} \cfrac{\partial f_0}{\partial \sigma_{kl}}}{\cfrac{\partial f_0}{\partial \sigma_{mn}} \cfrac{\partial f_0}{\partial \sigma_{mn}}} \mathrm{d}\sigma_{kl} \tag{2.40}$$

となる．

c. 複合硬化モデル

等方硬化則と移動硬化則の両方を考慮したモデルを**複合硬化モデル**とよぶ．この場合，降伏条件は次式で与えられる．

$$f(\sigma_{ij}, \alpha_{ij}, \bar{\varepsilon}^p) = f_0(\sigma_{ij} - \alpha_{ij}) - k(\bar{\varepsilon}^p) \tag{2.41}$$

この場合も流れ則は式(2.33)と同じく

$$\mathrm{d}\varepsilon_{ij}^{p} = \lambda \frac{\partial f_0}{\partial \sigma_{ij}} \tag{2.42}$$

で与えられ，また整合条件より，

$$\mathrm{d}f = \frac{\partial f_0}{\partial \sigma_{ij}} \mathrm{d}\sigma_{ij} - \frac{\partial f_0}{\partial \sigma_{ij}} \mathrm{d}\alpha_{ij} - \frac{\partial k}{\partial \bar{\varepsilon}^p} \mathrm{d}\bar{\varepsilon}^p = 0 \tag{2.43}$$

となる．ここで α_{ij} の発展則として Prager の硬化則を用い，流れ則(2.42)を代入すると

$$\mathrm{d}f = \frac{\partial f_0}{\partial \sigma_{ij}} \mathrm{d}\sigma_{ij} - \lambda \left(C \frac{\partial f_0}{\partial \sigma_{ij}} \frac{\partial f_0}{\partial \sigma_{ij}} + \frac{\partial k}{\partial \bar{\varepsilon}^p} \sqrt{\frac{\partial f_0}{\partial \sigma_{ij}} \frac{\partial f_0}{\partial \sigma_{ij}}} \right) = 0 \tag{2.44}$$

となり，

$$\lambda = \frac{1}{H}\frac{\partial f_0}{\partial \sigma_{ij}}\mathrm{d}\sigma_{ij} \tag{2.45a}$$

$$H \equiv C\frac{\partial f_0}{\partial \sigma_{ij}}\frac{\partial f_0}{\partial \sigma_{ij}} + \frac{\partial k}{\partial \bar{\varepsilon}^p}\sqrt{\frac{\partial f_0}{\partial \sigma_{ij}}\frac{\partial f_0}{\partial \sigma_{ij}}} \tag{2.45b}$$

となる.

2.1.5 さまざまな降伏条件

材料の塑性変形を記述する降伏条件はさまざまなものが提案されており，最後にその代表例をいくつか紹介する.

a. Prandtl-Reuss のモデル

多くの金属材料は一般に静水圧下で塑性変形はほとんどせず，せん断応力とそれに伴い生じるせん断変形が塑性変形特性を決定づけている．このような変形を考慮するもっとも単純なモデルが，**Prandtl-Ruess**(プラントル-ロイス)のモデルである．Prandtl-Reuss のモデルでは，降伏関数が等方であると仮定し，降伏関数と降伏条件としては偏差応力 $\sigma'_{ij} = \sigma_{ij} - (1/3)\sigma_{kk}\delta_{ij}$ の第2不変量 $J_2 = (1/2)\sigma'_{ij}\sigma'_{ij}$ を用いて

$$f(\bar{\sigma}, \bar{\varepsilon}^p) = J_2 - k(\bar{\varepsilon}^p) = 0 \tag{2.46}$$

もしくは，せん断応力の大きさを表す指標である相当応力 $\bar{\sigma} \equiv \sqrt{3J_2}$ を用いて，

$$f(\bar{\sigma}, \bar{\varepsilon}^p) = \bar{\sigma} - \sigma_{ys}(\bar{\varepsilon}^p) = 0 \tag{2.47}$$

と表記される．上式を **Mises**(ミーゼス)**の降伏条件**[*4] とよぶ．図2.7に降伏曲面の概形を示す．Mises の降伏条件における降伏曲面は，主応力を座標軸とする座標系で $\sigma_1 = \sigma_2 = \sigma_3$ の軸に直交する平面に対し円断面をもつ円柱となる．これは，材料のせん断ひずみエネルギーが一定値に達するという条件であり，**せん断ひずみエネルギー説**ともいう.

[*4] Mises の降伏条件については，工学教程『材料力学 II』の 2.1 節も参照のこと.

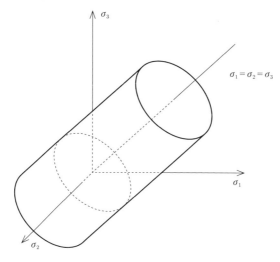

図 2.7　Mises の降伏曲面

b.　Tresca のモデル

　材料の最大せん断応力が一定値に達すると降伏するという条件を，**Tresca**（ト
レスカ）**の降伏条件**または**最大せん断応力説**という．これは次式で表される．

$$\sigma_{max} - \sigma_{min} = \sigma_{ys} = 2k \tag{2.48}$$

ここで，σ_{max} と σ_{min} はそれぞれ最大および最小の主応力であり，k はせん断降伏
応力である．σ_1-σ_2 応力空間では図 2.8 に示すように Mises 降伏曲面は楕円とな
り，Tresca の降伏曲面は六角形となる．

c.　Drücker-Prager モデル

　地盤材料やコンクリートでは，せん断応力だけでなく静水圧 $p = (1/3)\sigma_{ii}$ も塑
性変形特性に影響を及ぼす．そのような変形を考慮するうえで広く用いられてい
るのが，**Drücker-Prager**（ドラッカ-プラガー）**の降伏条件**である．Drücker-
Prager モデルでは，降伏条件は相当応力 $\bar{\sigma}$ と応力の第 1 不変量 $I_1 = \sigma_{ii} = 3p$ を用
いて一般に

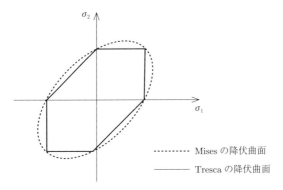

図 **2.8** Mises および Tresca の降伏曲面

$$f(\bar{\sigma}, I_1, \bar{\varepsilon}^p) = 0 \tag{2.49}$$

と与えられる. また簡単のため, 線形なモデル

$$f(\bar{\sigma}, I_1, \bar{\varepsilon}^p) = \bar{\sigma} + \alpha I_1 - k(\bar{\varepsilon}^p) = 0 \tag{2.50}$$

も広く用いられている.

2.2 粘　　性

　工学教程『材料力学Ⅱ』の 6.2 節でも少し述べたように, 身の回りの多くの材料は時間(ひずみ速度)に依存した非可逆的な変形をする. このような現象は, 特にプラスチック, ゴムなどの高分子材料で顕著に観察され, 砂, 岩などの地盤材料やコンクリートであれば常温でもわずかであるが観察される. 一方で, 金属やセラミックスは常温ではほとんど時間依存性を示さないものの, 融点の半分程度の温度まで加熱すると顕著な時間依存性が観察される[*5].
　このような時間依存の非可逆な変形を示す材料に対し, 一定のひずみを与えると図 2.9 に示すように, 応力は最初は急速に減少するが, 時間とともに減少速度

[*5]　さまざまな構造用材料の特性については第 8 章で詳述する.

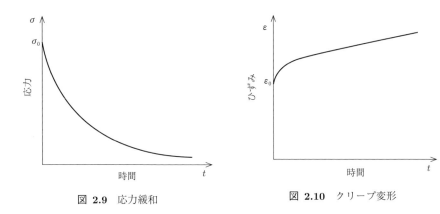

図 2.9　応力緩和　　　　　図 2.10　クリープ変形

が低下し，最終的にはある一定値に漸近する．このような変形を**応力緩和**とよぶ．一方，一定の応力を負荷した場合は図 2.10 に示すようにひずみは初め急速に増加するものの，最終的にひずみの増加は停止するか，ある一定の速度に漸近する．このような変形を**クリープ**とよぶ．

2.2.1　粘弾性モデル

　このような時間依存の非可逆変形を記述するモデルとしてばね要素とダッシュポット要素を連結したモデルが広く用いられる．これらの要素は**レオロジーモデル**とよばれ，ばね要素とダッシュポット要素の組み合わせ方は無数に存在する．ここではその基本となる組み合わせである Voigt モデルと Maxwell モデルに関して説明する．

a.　Voigt モデル

　図 2.11 に示すように，1 つのばね要素と 1 つのダッシュポット要素を並列に接続したモデルを **Voigt**（フォークト）**モデル**と（**Kelvin**（ケルビン）**モデル**，**Kelvin-Voigt**（ケルビン-フォークト）**モデル**とも）よぶ．このモデルでは，ばね要素に生じるひずみとダッシュポット要素に生じるひずみは等しくなり，モデル全体に生じる応力はばね要素とダッシュポット要素の応力の和となる．つまり，ばねに作用する応力とひずみをそれぞれ σ^e，ε^e とし，ダッシュポット要素に作用す

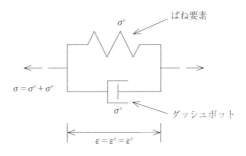

図 **2.11** Voigt モデル

る応力とひずみをそれぞれ σ^v, ε^v とすると,

$$\varepsilon = \varepsilon^e = \varepsilon^v \tag{2.51a}$$

$$\sigma = \sigma^e + \sigma^v \tag{2.51b}$$

となる. また, 各要素の応答が線形であるとし,

$$\sigma^e = E\varepsilon^e \tag{2.52a}$$

$$\sigma^v = \eta\dot{\varepsilon}^v \tag{2.52b}$$

とすると, モデル全体の応力とひずみの関係は

$$\sigma = E\varepsilon + \eta\dot{\varepsilon} \tag{2.53}$$

となる.

b. Maxwell モデル

図 2.12 に示すように, 1 つのばね要素と 1 つのダッシュポット要素を直列に接続したモデルを **Maxwell**(マクスウェル)**モデル**とよぶ. この場合, モデル全体に作用する応力と各要素に作用する応力は等しく, モデル全体のひずみは各要素で生じるひずみの和となる. つまり, 次式が成り立つ.

$$\varepsilon = \varepsilon^e + \varepsilon^v \tag{2.54a}$$

$$\sigma = \sigma^e = \sigma^v \tag{2.54b}$$

この場合, 各要素の応答が線形であるとしたとき, モデル全体の応力とひずみ

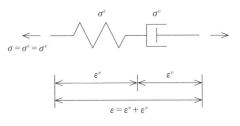

図 **2.12**　Maxwell モデル

の関係は

$$\dot{\varepsilon} = \frac{\dot{\sigma}}{E} + \frac{\sigma}{\eta} \tag{2.55}$$

となる.

c. モデルの応答

　先に述べた 2 つのモデルに一定の応力 σ_0 を負荷したときの応答を考えてみる.
Voigt モデルでは，式(2.53)より

$$E\varepsilon + \eta\dot{\varepsilon} = \sigma_0 \tag{2.56a}$$
$$\varepsilon(t=0) = 0 \tag{2.56b}$$

を満たす．したがって，モデル全体のひずみ ε は時間 t の関数として

$$\varepsilon(t) = \frac{\sigma_0}{E}(1 - e^{-t/\tau}), \quad \tau \equiv \frac{\eta}{E} \tag{2.57}$$

となることがわかる．つまり，時刻 $t=0$ ではゼロであったひずみが，時間とともに増加し，最終的にはばね要素だけの場合のひずみに漸近していくという挙動になる．ここで τ は**遅延時間**とよばれ，収束するまでの時間を表す指標になっている.

　一方，Maxwell モデルでは，式(2.55)を積分することで

$$\varepsilon(t)=\frac{\sigma_0}{E}+\frac{\sigma_0}{\eta}t \tag{2.58}$$

を得る．つまり，時刻 $t=0$ ではばね要素の弾性ひずみだけであったものが，時間とともにひずみが単調増加するという，クリープを表現している．

次に一定のひずみ ε_0 を負荷したときの応答を考える．Voigt モデルでは，時刻 $t=0$ でひずみ速度 $\dot{\varepsilon}$ が無限に発散するため，時刻 $t=0$ では応力は無限となるが，それ以外の時間では常に

$$\sigma=E\varepsilon_0 \tag{2.59}$$

となる．

一方，Maxwell モデルでは，式(2.54)，(2.55)より，

$$\frac{\eta}{E}\dot{\varepsilon}^v+\varepsilon^v=\varepsilon_0 \tag{2.60a}$$

$$\varepsilon^v(t=0)=0 \tag{2.60b}$$

となる．したがって，ダッシュポット要素のひずみ ε^v は時間の関数として

$$\varepsilon^v(t)=\varepsilon_0(1-e^{-(E/\eta)t}) \tag{2.61}$$

となり，モデル全体の応力は

$$\sigma(t)=E\varepsilon_0 e^{-t/\tau} \tag{2.62}$$

となる．つまり，時刻 $t=0$ で応力は瞬時に $E\varepsilon_0$ まで跳ね上がり，その後徐々に減少し，最終的にはゼロに漸近していくこととなり，応力緩和を表現している．式(2.62)の τ は**緩和時間**とよばれる．

これらのモデルは実際の材料挙動を表すには単純すぎて，十分な精度が得られない．一般にはばね要素とダッシュポット要素を複数直列や並列で接続することにより，材料の複雑な応力緩和やクリープ挙動を表現している．

2.2.2 弾粘塑性モデル

Voigt モデルや Maxwell モデルでは，非可逆変形は純粋にひずみ速度にのみ

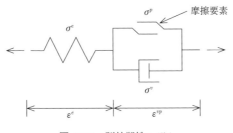

図 **2.13**　弾粘塑性モデル

依存すると仮定した．しかし，たとえば地盤材料などでは，材料が降伏した後の
塑性変形で粘性の効果が発揮される材料もある．このような材料の変形を**粘塑性**
とよぶ．粘塑性材料の応答を考えるには，先のばね要素とダッシュポット要素に
加え，摩擦要素を考えると理解しやすい．図 2.13 に示すような 1 次元のモデル
を考える．この場合，モデル全体のひずみ ε はばね要素のひずみ ε^e と粘塑性要
素のひずみ ε^{vp} の和として

$$\varepsilon = \varepsilon^e + \varepsilon^{vp} \tag{2.63}$$

となる．一方で，モデル全体の応力 σ はばね要素と粘塑性要素に作用する応力と
等しくなるが，摩擦要素の応力 σ^p とダッシュポッドの応力 σ^v は次のようにな
る．

$$\begin{cases} \sigma^p = \sigma, & \sigma^v = 0 \quad (\sigma \le \sigma_{\text{ys}}) \\ \sigma^p = \sigma_{\text{ys}}, & \sigma^v = \eta \dot{\varepsilon}^v \quad (\sigma > \sigma_{\text{ys}}) \end{cases} \tag{2.64}$$

このとき，

$$\sigma = \sigma^p + \sigma^v \tag{2.65}$$

であるため，応力 σ が降伏応力 σ_{ys} を超過したとき，超過した応力 $\Delta\sigma = \sigma - \sigma_{\text{ys}}$
に比例したひずみ速度で粘塑性ひずみが生じることになる．
　この 1 次元の弾粘塑性モデルを多次元に拡張したものが，**Perzyna**（ペルジ
ナ）の**超過応力型粘塑性モデル**である．つまり，全ひずみ速度 $\dot{\varepsilon}_{ij}$ は弾性ひずみ速
度 $\dot{\varepsilon}_{ij}^e$ と粘塑性ひずみ速度 $\dot{\varepsilon}_{ij}^{vp}$ に分解できると仮定し，

$$\dot{\varepsilon}_{ij} = \dot{\varepsilon}_{ij}^{e} + \dot{\varepsilon}_{ij}^{vp} \qquad (2.66)$$

と表されるとする．ここで，弾性ひずみ速度 $\dot{\varepsilon}_{ij}^{e}$ は Hooke の法則に従い

$$\dot{\sigma}_{ij} = C_{ijkl}\dot{\varepsilon}_{kl}^{e} \qquad (2.67)$$

となる．

いま降伏条件が

$$f(\sigma_{ij}, \bar{\varepsilon}^{vp}) = 0 \qquad (2.68)$$

で与えられるとすると，塑性状態 $(f>0)$ では 2.1 節で述べた準静的な塑性変形と同様に粘塑性ひずみ速度は次式で与えられることになる．

$$\dot{\varepsilon}_{ij}^{vp} = \lambda \frac{\partial f}{\partial \sigma_{ij}} \qquad (2.69)$$

ただし，粘塑性モデルの場合，塑性状態では応力は必ずしも降伏条件 $f=0$ を満たす必要はないため，λ は整合条件からは与えられない．そのため一般には，λ は超過応力の程度を表す指標である降伏関数 f を引数とする任意の単調増加関数 ϕ を用いて

$$\lambda = \begin{cases} 0 & f \leq 0 \\ \phi(f) & f > 0 \end{cases} \qquad (2.70)$$

のように与えている．

3 幾何学的非線形

線形の連続体力学においては，構造物の変位は構造の寸法に比べて十分に小さいとの仮定のもと，ひずみを変位に対して線形であると仮定した．すなわち，変位が倍になればひずみも倍になる．しかし，変位がある程度大きくなるとこの仮定は成り立たない．本章では，ひずみと変位の関係に起因する非線形性である幾何学的非線形に関して説明する．

3.1 物質表記と空間表記

固体力学や流体力学では，どちらも物質の空間的な移動を場の関数として表現する，いわゆる連続体力学として表現される．物質の移動を表現する際に，移動前の位置を参照座標として，物質の移動を追跡する考え方を **Lagrange**(ラグランジュ)表記とよぶ．これは図 3.1 に示すように，対象の変形とともに座標系も変形するため，**物質表記**ともよばれる．一方で，図 3.2 のように座標系は空間に固定され，物質の移動に依存しない考え方を **Euler**(オイラー)表記または**空間表記**とよぶ．個々の粒子の移動は追わず，あくまである時間にその位置にある物質の挙動を記述する[*1]．

一般に，固体力学においては変形前の構造物が，どのように変形するかを知る必要がある．また，その位置の物質の降伏，塑性，破壊などの履歴に依存する量を評価する必要があり，物質の移動を追跡する必要がある．そのため，固体力学

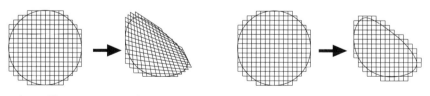

図 **3.1** Lagrange 表記   図 **3.2** Euler 表記

---

*1 Lagrange 表記と Euler 表記については，工学教程『材料力学 II』の 4.3 節も参考のこと．

において通常は Lagrange 表記が用いられる．一方で，流体力学においては，流体の粒子は非常に大きく移動し，多くの場合，個々の流体の分子の運動は解析の対象ではない．そこで，Euler 表記が用いられる．

なお，構造の解析において空間固定の Euler 表記を用いることもあり，流体の解析おいて物質固定の Lagrange 表記を用いることもあることを補記しておく．どちらの定式化を使うかは，何を知りたいかによって決まる．以降は，基本的にLagrange 表記に基づく定式化を説明する．

3.2 変位とひずみ

3 次元の固体が変形する場合を考える．図 3.3 に示すように，変形前に (x, y, z) であった点が，変形後に (X, Y, Z) に移動するとする．Lagrange 表記であるので，(X, Y, Z) を (x, y, z) の関数と考える．

これによって生じる変位は次式のように定義される．

$$\begin{cases} u = X - x \\ v = Y - y \\ w = Z - z \end{cases} \tag{3.1}$$

この変位には，剛体運動成分も含まれているため，固体自身の変形やそれによって生じる応力を表現する指標としては適当ではない．すなわち，単なる並進運動，剛体回転しか発生せず，応力などが生じない場合でも変位は生じる．そこで，固体内に小さな線を書き，変形後にその線の長さに変化があったかどうかを考える．単なる剛体運動であれば長さに変化は生じず，長さが変わっていればそ

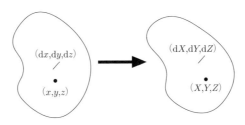

図 **3.3**　連続体の変形

の部分に変形が生じたことになり，固体自身の変形を調べることができる．図
3.3 のように，変形前に $(\mathrm{d}x, \mathrm{d}y, \mathrm{d}z)$ であった微小な線分が変形後に $(\mathrm{d}X,\mathrm{d}Y, \mathrm{d}Z)$ になったとする．線分の長さは

$$\mathrm{d}s^2 \equiv \mathrm{d}x^2 + \mathrm{d}y^2 + \mathrm{d}z^2 \tag{3.2}$$

$$\mathrm{d}S^2 \equiv \mathrm{d}X^2 + \mathrm{d}Y^2 + \mathrm{d}Z^2 \tag{3.3}$$

として，変形前の $\mathrm{d}s$ が変形後に $\mathrm{d}S$ になる．変形後の位置の座標値 (X, Y, Z) を
変形前の座標 (x, y, z) の関数と考えると，微分に関するチェーンルールにより次
式の関係を導出することができる．

$$\mathrm{d}X = \left(\frac{\partial X}{\partial x}\right)\mathrm{d}x + \left(\frac{\partial X}{\partial y}\right)\mathrm{d}y + \left(\frac{\partial X}{\partial z}\right)\mathrm{d}z = \left(1 + \frac{\partial u}{\partial x}\right)\mathrm{d}x + \left(\frac{\partial u}{\partial y}\right)\mathrm{d}y + \left(\frac{\partial u}{\partial z}\right)\mathrm{d}z$$

$$\mathrm{d}Y = \left(\frac{\partial Y}{\partial x}\right)\mathrm{d}x + \left(\frac{\partial Y}{\partial y}\right)\mathrm{d}y + \left(\frac{\partial Y}{\partial z}\right)\mathrm{d}z = \left(\frac{\partial v}{\partial x}\right)\mathrm{d}x + \left(1 + \frac{\partial v}{\partial y}\right)\mathrm{d}y + \left(\frac{\partial v}{\partial z}\right)\mathrm{d}z \tag{3.4}$$

$$\mathrm{d}Z = \left(\frac{\partial Z}{\partial x}\right)\mathrm{d}x + \left(\frac{\partial Z}{\partial y}\right)\mathrm{d}y + \left(\frac{\partial Z}{\partial z}\right)\mathrm{d}z = \left(\frac{\partial w}{\partial x}\right)\mathrm{d}x + \left(\frac{\partial w}{\partial y}\right)\mathrm{d}y + \left(1 + \frac{\partial w}{\partial z}\right)\mathrm{d}z$$

変形前後の線分の長さの 2 乗の差をとり，上式を代入すると

$$
\begin{aligned}
\mathrm{d}S^2 - \mathrm{d}s^2 = &\left\{\left(1 + \frac{\partial u}{\partial x}\right)\mathrm{d}x + \left(\frac{\partial u}{\partial y}\right)\mathrm{d}y + \left(\frac{\partial u}{\partial z}\right)\mathrm{d}z\right\}^2 - \mathrm{d}x^2 \\
&+ \left\{\left(\frac{\partial v}{\partial x}\right)\mathrm{d}x + \left(1 + \frac{\partial v}{\partial y}\right)\mathrm{d}y + \left(\frac{\partial v}{\partial z}\right)\mathrm{d}z\right\}^2 - \mathrm{d}y^2 \\
&+ \left\{\left(\frac{\partial w}{\partial x}\right)\mathrm{d}x + \left(\frac{\partial w}{\partial y}\right)\mathrm{d}y + \left(1 + \frac{\partial w}{\partial z}\right)\mathrm{d}z\right\}^2 - \mathrm{d}z^2 \\
= &\left\{2\frac{\partial u}{\partial x} + \left(\frac{\partial u}{\partial x}\right)^2 + \left(\frac{\partial v}{\partial x}\right)^2 + \left(\frac{\partial w}{\partial x}\right)^2\right\}\mathrm{d}x^2 \\
&+ \left\{2\frac{\partial v}{\partial y} + \left(\frac{\partial u}{\partial y}\right)^2 + \left(\frac{\partial v}{\partial y}\right)^2 + \left(\frac{\partial w}{\partial y}\right)^2\right\}\mathrm{d}y^2 \\
&+ \left\{2\frac{\partial w}{\partial z} + \left(\frac{\partial u}{\partial z}\right)^2 + \left(\frac{\partial v}{\partial z}\right)^2 + \left(\frac{\partial w}{\partial z}\right)^2\right\}\mathrm{d}z^2 \\
&+ \left\{\left(\frac{\partial u}{\partial y}\right) + \left(\frac{\partial v}{\partial x}\right) + \left(\frac{\partial u}{\partial x}\right)\left(\frac{\partial u}{\partial y}\right) + \left(\frac{\partial v}{\partial x}\right)\left(\frac{\partial v}{\partial y}\right) + \left(\frac{\partial w}{\partial x}\right)\left(\frac{\partial w}{\partial y}\right)\right\}\mathrm{d}x\mathrm{d}y
\end{aligned}
$$

$$+\left\{\left(\frac{\partial v}{\partial z}\right)+\left(\frac{\partial w}{\partial y}\right)+\left(\frac{\partial u}{\partial y}\right)\left(\frac{\partial u}{\partial z}\right)+\left(\frac{\partial v}{\partial y}\right)\left(\frac{\partial v}{\partial z}\right)+\left(\frac{\partial w}{\partial y}\right)\left(\frac{\partial w}{\partial z}\right)\right\}\mathrm{d}y\mathrm{d}z$$

$$+\left\{\left(\frac{\partial w}{\partial x}\right)+\left(\frac{\partial u}{\partial z}\right)+\left(\frac{\partial u}{\partial z}\right)\left(\frac{\partial u}{\partial x}\right)+\left(\frac{\partial v}{\partial z}\right)\left(\frac{\partial v}{\partial x}\right)+\left(\frac{\partial w}{\partial z}\right)\left(\frac{\partial w}{\partial x}\right)\right\}\mathrm{d}z\mathrm{d}x$$

$$(3.5)$$

となる．このカギ括弧の中の 6 つの成分が，物体の変形を表現していると考える
ことができる．これを**有限ひずみ**，あるいは **Green**(グリーン)**のひずみ**とよび，
以下のように 6 つのひずみ成分として記述される．

$$\varepsilon_{xx}=\frac{\partial u}{\partial x}+\frac{1}{2}\left(\frac{\partial u}{\partial x}\right)^2+\frac{1}{2}\left(\frac{\partial v}{\partial x}\right)^2+\frac{1}{2}\left(\frac{\partial w}{\partial x}\right)^2$$

$$\varepsilon_{yy}=\frac{\partial v}{\partial y}+\frac{1}{2}\left(\frac{\partial u}{\partial y}\right)^2+\frac{1}{2}\left(\frac{\partial v}{\partial y}\right)^2+\frac{1}{2}\left(\frac{\partial w}{\partial y}\right)^2$$

$$\varepsilon_{zz}=\frac{\partial w}{\partial z}+\frac{1}{2}\left(\frac{\partial u}{\partial z}\right)^2+\frac{1}{2}\left(\frac{\partial v}{\partial z}\right)^2+\frac{1}{2}\left(\frac{\partial w}{\partial z}\right)^2$$

$$\varepsilon_{xy}=\frac{1}{2}\left\{\left(\frac{\partial u}{\partial y}\right)+\left(\frac{\partial v}{\partial x}\right)+\left(\frac{\partial u}{\partial x}\right)\left(\frac{\partial u}{\partial y}\right)+\left(\frac{\partial v}{\partial x}\right)\left(\frac{\partial v}{\partial y}\right)+\left(\frac{\partial w}{\partial x}\right)\left(\frac{\partial w}{\partial y}\right)\right\}$$

$$\varepsilon_{yz}=\frac{1}{2}\left\{\left(\frac{\partial v}{\partial z}\right)+\left(\frac{\partial w}{\partial y}\right)+\left(\frac{\partial u}{\partial y}\right)\left(\frac{\partial u}{\partial z}\right)+\left(\frac{\partial v}{\partial y}\right)\left(\frac{\partial v}{\partial z}\right)+\left(\frac{\partial w}{\partial y}\right)\left(\frac{\partial w}{\partial z}\right)\right\}$$

$$\varepsilon_{zx}=\frac{1}{2}\left\{\left(\frac{\partial w}{\partial x}\right)+\left(\frac{\partial u}{\partial z}\right)+\left(\frac{\partial u}{\partial z}\right)\left(\frac{\partial u}{\partial x}\right)+\left(\frac{\partial v}{\partial z}\right)\left(\frac{\partial v}{\partial x}\right)+\left(\frac{\partial w}{\partial z}\right)\left(\frac{\partial w}{\partial x}\right)\right\}$$

$$(3.6)$$

　このうち，$\varepsilon_{xx}, \varepsilon_{yy}, \varepsilon_{zz}$ の 3 つは垂直ひずみとよばれ，それぞれの方向への伸び
を示す指標である．また，$\varepsilon_{xy}, \varepsilon_{yz}, \varepsilon_{zx}$ はせん断ひずみとよばれ，せん断変形の量
を示す指標である．変形を生じないような動きである併進や回転といった剛体運
動に対しては，Green のひずみは変位の大小にかかわらずゼロになる．
　一方，工学教程『材料力学 II』の第 7 章で述べたように，多くの構造材料は十分
に剛性が高く，ひずみは小さいので，これらの式の項のうち，変位の 1 次の項の
みを残し，2 次の項を無視したものが線形のひずみ(微小ひずみ)である．
　具体的な例で，線形のひずみと Green のひずみの違いを見てみる．図 3.4 のよ
うに，正方形が原点周りに角度 θ だけ回転すると考える．変形前に $(x, y)=$
$(r\cos\alpha, r\sin\alpha)$ であった点は，$(X, Y)=(r\cos(\alpha+\theta), r\sin(\alpha+\theta))$ に移動す
る．これによって生じる変位は

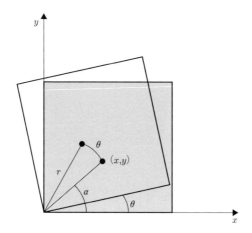

図 **3.4** 剛体回転の例

$$\begin{Bmatrix} u \\ v \end{Bmatrix} = \begin{Bmatrix} X-x \\ Y-y \end{Bmatrix} = \begin{Bmatrix} r\cos(\alpha+\theta)-r\cos\alpha \\ r\sin(\alpha+\theta))-r\sin\alpha \end{Bmatrix}$$

$$= \begin{Bmatrix} r(\cos\alpha\cos\theta-\sin\alpha\sin\theta-\cos\alpha) \\ r(\sin\alpha\cos\theta+\cos\alpha\sin\theta-\sin\alpha) \end{Bmatrix} \tag{3.7}$$

$$= \begin{Bmatrix} x(\cos\theta-1)-y\sin\theta \\ x\sin\theta+y(\cos\theta-1) \end{Bmatrix}$$

となる．この変位に対する Green のひずみを計算すると，ひずみの式から z, w に関する項を無視すると

$$\varepsilon_{xx} = \frac{\partial u}{\partial x} + \frac{1}{2}\left(\frac{\partial u}{\partial x}\right)^2 + \frac{1}{2}\left(\frac{\partial v}{\partial x}\right)^2 = (\cos\theta-1) + \frac{1}{2}(\cos\theta-1)^2 + \frac{1}{2}\sin^2\theta = 0$$

$$\varepsilon_{yy} = \frac{\partial v}{\partial y} + \frac{1}{2}\left(\frac{\partial u}{\partial y}\right)^2 + \frac{1}{2}\left(\frac{\partial v}{\partial y}\right)^2 = (\cos\theta-1) + \frac{1}{2}\sin^2\theta + \frac{1}{2}(\cos\theta-1)^2 = 0$$

$$\varepsilon_{xy} = \frac{1}{2}\left\{\left(\frac{\partial u}{\partial y}\right) + \left(\frac{\partial v}{\partial x}\right) + \left(\frac{\partial u}{\partial x}\right)\left(\frac{\partial u}{\partial y}\right) + \left(\frac{\partial v}{\partial x}\right)\left(\frac{\partial v}{\partial y}\right)\right\}$$

$$= \frac{1}{2}\{-\sin\theta + \sin\theta - (\cos\theta-1)\sin\theta + \sin\theta(\cos\theta-1)\} = 0$$

$$\tag{3.8}$$

と，すべての成分がゼロとなる．これは剛体運動の変形なので当然の結果である．この結果は，回転角が微少である必要はなく，有限の大きさの回転に対しても成立する．

一方，線形のひずみを計算すると

$$\varepsilon_{xx} = \frac{\partial u}{\partial x} = (\cos\theta - 1)$$

$$\varepsilon_{yy} = \frac{\partial v}{\partial y} = (\cos\theta - 1) \tag{3.9}$$

$$\varepsilon_{xy} = \frac{1}{2}\left\{\left(\frac{\partial u}{\partial y}\right) + \left(\frac{\partial v}{\partial x}\right)\right\} = \frac{1}{2}(-\sin\theta + \sin\theta) = 0$$

となり，ε_{xx} と ε_{yy} がゼロとはならない．このように，大変形に対しては，Green のひずみを使う必要がある．

3.3 変形勾配マトリックス

表現を簡潔にするために，変位とひずみの関係の記述に次式で定義される**変形勾配マトリックス**を導入する．

$$\boldsymbol{F} \equiv \begin{bmatrix} \dfrac{\partial X}{\partial x} & \dfrac{\partial X}{\partial y} & \dfrac{\partial X}{\partial z} \\[2mm] \dfrac{\partial Y}{\partial x} & \dfrac{\partial Y}{\partial y} & \dfrac{\partial Y}{\partial z} \\[2mm] \dfrac{\partial Z}{\partial x} & \dfrac{\partial Z}{\partial y} & \dfrac{\partial Z}{\partial z} \end{bmatrix} \tag{3.10}$$

これを使うと，前述の微小な線分の変形は次式のように簡潔に表現できる．

$$\mathrm{d}\boldsymbol{X} = \boldsymbol{F}\mathrm{d}\boldsymbol{x} \tag{3.11}$$

ただし，$\mathrm{d}\boldsymbol{x}, \mathrm{d}\boldsymbol{X}$ はそれぞれ次の変形前，変形後の線分のベクトルである．

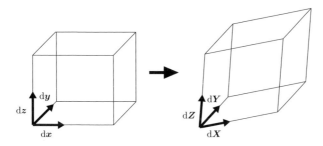

図 **3.5** 微小六面体の体積変化

$$d\boldsymbol{x} = \begin{Bmatrix} dx \\ dy \\ dz \end{Bmatrix}, \quad d\boldsymbol{X} = \begin{Bmatrix} dX \\ dY \\ dZ \end{Bmatrix} \tag{3.12a, b}$$

線分の長さの2乗の差は次のようになる.

$$dS^2 - ds^2 = d\boldsymbol{X} \cdot d\boldsymbol{X} - d\boldsymbol{x} \cdot d\boldsymbol{x} = (\boldsymbol{F}d\boldsymbol{x}) \cdot (\boldsymbol{F}d\boldsymbol{x}) - d\boldsymbol{x} \cdot d\boldsymbol{x} = d\boldsymbol{x} \cdot (\boldsymbol{F}^T\boldsymbol{F} - \boldsymbol{I})d\boldsymbol{x}$$

$$\tag{3.13}$$

Green のひずみ $\boldsymbol{E}$ は

$$\boldsymbol{E} \equiv \frac{1}{2}(\boldsymbol{F}^T\boldsymbol{F} - \boldsymbol{I}) \tag{3.14}$$

と表すことができる.

　また，変形による体積変化は図3.5のように，3つのベクトルからなる微小平行六面体の体積は変形前の体積を dv，変形後の体積を dV とすると，

$$dV = (d\boldsymbol{X} \times d\boldsymbol{Y}) \cdot d\boldsymbol{Z} = (\det \boldsymbol{F})dv = J dv \tag{3.15}$$

となる. ただし，$J \equiv \det \boldsymbol{F}$ はヤコビアンとよばれる量である.

3.4　応力と釣合い式

　応力は，変形後の形状に対して釣合い条件を満足する必要があるので，まず変

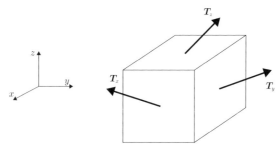

図 **3.6**　3 次元の応力

形後の形状に対して応力を定義する．変形後の形状に対して，図 3.6 のように微小な立方体を切り出し，各正方形の面にかかる単位面積あたりの力のベクトルを T_x, T_y, T_z とする．この各成分が，工学教程『材料力学 II』の 2.1 節で述べた応力テンソルである．この応力は変形後の配置を基準としており，**Cauchy**（コーシー）応力あるいは**真応力**とよばれる．

$$\begin{aligned}
\boldsymbol{T}_x &= \{\sigma_{xx}, \sigma_{xy}, \sigma_{xz}\} \\
\boldsymbol{T}_y &= \{\sigma_{yx}, \sigma_{yy}, \sigma_{yz}\} \\
\boldsymbol{T}_z &= \{\sigma_{zx}, \sigma_{zy}, \sigma_{zz}\}
\end{aligned} \tag{3.16}$$

　この応力は微小領域での釣合いより，工学教程『材料力学 II』の 3.2 節で述べたように，次の釣合い式を満足する必要がある．また，回転に対する釣合いから，マトリックスで表現した場合に対称となる．なお，$\overline{B}_x, \overline{B}_y, \overline{B}_z$ は単位体積あたりの物体力であり，ここでは時間変化を無視できる静的あるいは準静的問題を考えているので加速度の項は考えない．

$$\left\{\begin{array}{c}
\dfrac{\partial \sigma_{xx}}{\partial x} + \dfrac{\partial \sigma_{xy}}{\partial y} + \dfrac{\partial \sigma_{xz}}{\partial z} \\[2mm]
\dfrac{\partial \sigma_{yx}}{\partial x} + \dfrac{\partial \sigma_{yy}}{\partial y} + \dfrac{\partial \sigma_{yz}}{\partial z} \\[2mm]
\dfrac{\partial \sigma_{zx}}{\partial x} + \dfrac{\partial \sigma_{zy}}{\partial y} + \dfrac{\partial \sigma_{zz}}{\partial z}
\end{array}\right\} + \left\{\begin{array}{c}
\overline{B}_x \\[1mm]
\overline{B}_y \\[1mm]
\overline{B}_z
\end{array}\right\} = \left\{\begin{array}{c}
0 \\ 0 \\ 0
\end{array}\right\} \tag{3.17}$$

　これは，次式のように簡潔に記述することができる．

$$\nabla \cdot \boldsymbol{\sigma} + \overline{\boldsymbol{B}} = \boldsymbol{0} \tag{3.18}$$

ただし,

$$\nabla \equiv \left\{ \begin{array}{c} \dfrac{\partial}{\partial x} \\[6pt] \dfrac{\partial}{\partial y} \\[6pt] \dfrac{\partial}{\partial z} \end{array} \right\}, \quad \boldsymbol{\sigma} = \begin{bmatrix} \sigma_{xx} & \sigma_{xy} & \sigma_{xz} \\ \sigma_{yx} & \sigma_{yy} & \sigma_{yz} \\ \sigma_{zx} & \sigma_{zy} & \sigma_{zz} \end{bmatrix}, \quad \overline{\boldsymbol{B}} = \left\{ \begin{array}{c} \overline{B}_x \\ \overline{B}_y \\ \overline{B}_z \end{array} \right\} \tag{3.19a, b, c}$$

である. なお, 式(3.14)の Green のひずみは初期配置で変形を評価しており, Cauchy 応力は変形後の配置で応力を評価しているので, このままでは構成則を通じて対応させることができない. そこで, 以降の議論に従い, Cauchy 応力に代わり, 初期配置に対する別の応力を定義する.

まず, 式(3.18)の釣合い式を変形後の領域に対して次式のように積分する.

$$\int_V (\nabla \cdot \boldsymbol{\sigma} + \overline{\boldsymbol{B}}) \cdot \delta \boldsymbol{u} \, \mathrm{d}V = 0 \tag{3.20}$$

ただし, $\delta \boldsymbol{u}$ は変位拘束の境界条件を満足する任意の仮想変位[*2]である. 上式は, 部分積分[*3]を行うことにより次式のように変換することができる.

$$\int_V \boldsymbol{\sigma} : \delta \boldsymbol{\varepsilon} \, \mathrm{d}V = \int_V \overline{\boldsymbol{B}} \cdot \delta \boldsymbol{u} \, \mathrm{d}V + \int_{\partial V} \overline{\boldsymbol{t}} \cdot \delta \boldsymbol{u} \, \mathrm{d}S \tag{3.21}$$

ただし, ∂V は領域 V の境界を表し, $\overline{\boldsymbol{t}}$ は荷重境界条件上に作用する表面力ベクトル, $\delta \boldsymbol{\varepsilon}$ は仮想ひずみであり, 仮想変位 $\delta \boldsymbol{u}$ と $\delta \boldsymbol{\varepsilon} = \nabla \delta \boldsymbol{u}$ の関係がある. また, : はマトリックス同士の2重内積(マトリックスの各成分同士をかけ合わせ, 総和をとる)である.

[*2] 仮想変位とは, 力学系の物体に対して与える拘束条件を満たす仮想的な微小変位のこと. 仮想変位を与えてももともと働いていた力は変らないとみなす. 後に出てくる仮想ひずみや仮想仕事の仮想の意味は, 仮想変位の仮想と同様である. 工学教程『最適化と変分法』の第6章も参考のこと.

[*3] 部分積分については, 工学教程『微積分』の4.2.4項を参照のこと.

　式(3.21)は，左辺が内部の仮想ひずみエネルギーの増加，右辺が外力(体積力ベクトル $\overline{B}$ と表面力ベクトル $\overline{t}$)のなす仮想仕事であり，両者が等しいことを表しているので，**仮想仕事の原理**ともよばれる．この $\boldsymbol{\sigma}$ と $\delta\boldsymbol{\varepsilon}$ のように，内積が単位体積あたりの仕事量を正しく与える応力とひずみの組み合わせを，仕事に対して共役であるという．

　さて式(3.21)の左辺の積分を，変形後の配置における積分から，初期配置での積分に変換する．変形の体積変化の式(3.15)より，

$$\int_V \boldsymbol{\sigma} : \delta\boldsymbol{\varepsilon}\,\mathrm{d}V = \int_v J\boldsymbol{\sigma} : \delta\boldsymbol{\varepsilon}\,\mathrm{d}v \equiv \int_v \boldsymbol{\tau} : \delta\boldsymbol{\varepsilon}\,\mathrm{d}v \tag{3.22}$$

とする．積分範囲 v は初期領域である．この応力 $\boldsymbol{\tau} \equiv J\boldsymbol{\sigma}$ を，**Kirchhoff**(キルヒホッフ)**応力**とよぶ．

　次に，仮想ひずみ $\delta\boldsymbol{\varepsilon}$ を変形勾配マトリックスで記述する．きちんとした証明は省略するが，変形勾配マトリックスの性質として，$\nabla\delta\boldsymbol{u} = \delta\boldsymbol{\varepsilon} = (\delta\boldsymbol{F})\boldsymbol{F}^{-1}$ の関係があり，$\delta\boldsymbol{F}$ と仕事に対して共役な応力が定義される．

$$\int_v J\boldsymbol{\sigma} : \delta\boldsymbol{\varepsilon}\,\mathrm{d}v = \int_v J\boldsymbol{\sigma}\boldsymbol{F}^{-1} : \delta\boldsymbol{F}\,\mathrm{d}v \equiv \int_v \boldsymbol{P} : \delta\boldsymbol{F}\,\mathrm{d}v \tag{3.23}$$

この $\boldsymbol{P} = J\boldsymbol{\sigma}\boldsymbol{F}^{-1}$ を，**第 1Piola-Kirchhoff**(パイオラ・キルヒホッフ)**応力**とよぶ．ただし，この $\boldsymbol{P}$ は対称ではない．そこで，仮想変位を Green のひずみの仮想ひずみに置き換える．

$$\delta\boldsymbol{E} = \frac{1}{2}\delta(\boldsymbol{F}^T\boldsymbol{F} - \boldsymbol{I}) = \frac{1}{2}[(\delta\boldsymbol{F})^T\boldsymbol{F} + \boldsymbol{F}^T\delta\boldsymbol{F}] = \frac{1}{2}[\boldsymbol{F}^T(\nabla\delta\boldsymbol{u})^T\boldsymbol{F} + \boldsymbol{F}^T(\nabla\delta\boldsymbol{u})\boldsymbol{F}]$$

$$= \boldsymbol{F}^T\frac{1}{2}[(\nabla\delta\boldsymbol{u})^T + (\nabla\delta\boldsymbol{u})]\boldsymbol{F} = \boldsymbol{F}^T\frac{1}{2}(\delta\boldsymbol{\varepsilon})\boldsymbol{F} \tag{3.24}$$

であるので，

$$\int_v J\boldsymbol{\sigma} : \delta\boldsymbol{\varepsilon}\,\mathrm{d}v = \int_v J\boldsymbol{F}^{-1}\boldsymbol{\sigma}\boldsymbol{F}^{-T} : \delta\boldsymbol{E}\,\mathrm{d}v \equiv \int_v \boldsymbol{S} : \delta\boldsymbol{E}\,\mathrm{d}v \tag{3.25}$$

となる．この $\boldsymbol{S} \equiv J\boldsymbol{F}^{-1}\boldsymbol{\sigma}\boldsymbol{F}^{-T}$ を**第 2Piola-Kirchhoff 応力**とよぶ．これは対称マトリックスとなる．通常，大変形におけるひずみと応力としては，Green のひず

みと第2Poila-Kirchhoff応力が用いられる.

3.5 座　　屈

　工学教程『材料力学Ⅰ』の第4章では真っすぐな細長い棒の座屈を説明し，工学教程『材料力学Ⅱ』の5.2.3項では平板の座屈を，5.3.2項では円筒殻の座屈を説明し，7.2節では幾何学的非線形性と座屈の関係について説明した．これらは，材料としての強度にはまだ余裕があるにもかかわらず，幾何学的な原因で構造物が強度を失う現象ということができる．本節では，本工学教程・材料力学のまとめとして，座屈の特性を整理する．

3.5.1　分　岐　座　屈

　構造体の変形において，そこに至るまでの変形の様態とは大きく異なる特性を有する変形に突然移行する現象を**分岐座屈**とよぶ．たとえば，工学教程『材料力学Ⅰ』の第4章で述べたように，真っすぐな細長い棒を変位制御型荷重条件[*4] で圧縮していくと，ある圧縮力に達するまではたわみが発生せず，真っすぐなまま縮む変形のみが生じる．ところがある圧縮力に達したところで，それまでの変形と同様に単純に縮んで釣合う形状と，たわんで釣合う形状の2つの変形状態が可能となる．さらに，圧縮力が増加すると，真っすぐに縮む釣合い状態が不安定になり，たわんだ変形状態のほうが安定になり，たわむ変形が生じる．このように，変形の特徴が大きく異なる2つ以上の釣合い状態が可能になる臨界点を**分岐点**とよび，このような現象を分岐座屈とよぶ．図3.7に分岐座屈の典型的な荷重-変位関係を模式的に示す．

3.5.2　飛び移り座屈

　先に述べた真っすぐな細長い棒の例では，変位制御型荷重条件であれば座屈した後も材料が降伏せずに抵抗を失わなければ，連続して安定な釣合い状態が継続する．したがって，棒は単にたわんでいくだけで外力には静的に抵抗し続けられ

[*4]　変位制御型荷重については，工学教程『材料力学Ⅱ』の8.1節を参照のこと．

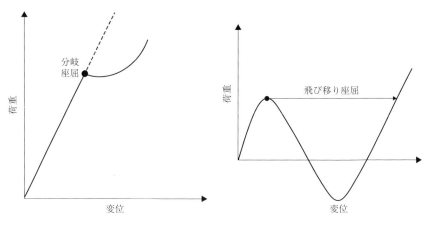

図 **3.7** 分岐座屈の典型的な荷重-変位関係　図 **3.8** 飛び移り座屈の典型的な荷重-変位関係

る．しかし，工学教程『材料力学Ⅱ』の 7.2 節で述べたアーチの骨組み構造の例では，座屈点以降にそのような安定な釣合い状態が連続しては存在しない．このように座屈点を過ぎた後に安定な釣合い状態が連続していない場合には，座屈点に達した変形状態から少し離れた安定な変形状態まで動的に移行する現象がみられる．このように，ある釣合い点からそれとは連続しない他の釣合い点へ動的に移行する現象を**飛び移り座屈**とよぶ．図 3.8 に飛び移り座屈の典型的な荷重-変位関係を模式的に示す．たとえば，自動車のボディーのような薄板の曲面構造に少し力を加えると，急にへこんでしまうことが起こるがこのような現象が飛び移り座屈である．

3.5.3 屈　　服

ピークや分岐点における外力レベルでの状態が安定であっても，外力を除去して元に戻る場合以外には安定な釣合い状態がまったく存在しない場合には，飛び移る先さえないことから，系はそのまま変形が継続し崩壊してしまう．このような不安定現象は**屈服**あるいは**屈服座屈**とよばれる．たとえば，薄肉円管に曲げモーメントを作用させたとき，非常に薄い管なので，最初は円形をしていた断面が曲げモーメントが加わるにつれて上下につぶれはじめだ円形状になる．そのよ

うな断面の変形に伴い管断面の高さが小さくなるため断面2次モーメントが小さくなり，次第に管の曲げ剛性が小さくなる．最終的に，断面がある程度扁平なだ円形状になったところで抵抗力のピークを迎えて崩壊に至る．これが屈服の例である．図3.9に屈服の典型的な荷重–変位関係を模式的に示す．

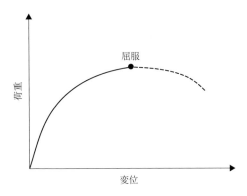

図 3.9　屈服の典型的な荷重–変位関係

4 動 的 状 態

　力学は，元来，物体の運動を対象としている．したがって，工学教程『材料力学Ⅰ』や『材料力学Ⅱ』でこれまで扱ってきた材料力学において仮定される準静的状態とよばれる速度や加速度がゼロの運動していない状態は，むしろ特殊な状態と考えることができる．もちろん構造物を設計するとき，静止した状態で構造物の安全性を検討することが第一義的に重要であるため，準静的状態の仮定は有用である．しかし材料力学を正しく理解するためには，動的状態が標準であることを理解すべきである．準静的状態の延長として動的状態があるような誤解は避けたほうがよい．紙面の都合もあり，本章では，動的状態の理論と応用を要点に絞って説明するが，動的状態に関しては，本書を超えて学習することを勧める．

4.1　準静的状態と動的状態

　動的状態における材料力学のもとである3つの式，すなわち，ひずみ-変位関係，応力-ひずみ関係，応力の釣合い式を考えてみよう．簡単のため，デカルト座標系 (x_1, x_2, x_3) で考える．微小変形と線形弾性を仮定すると，ひずみ-変位関係と応力-ひずみ関係は，準静的状態と同じである．運動している，すなわち外力と内力が釣合っていないため，単位体積あたりの慣性項 $\rho \ddot{u}_i$（ここで，ρ は質量密度，$\ddot{u}_i$ は加速度ベクトルである）が生じることになり，準静的状態の応力の釣合い式が，動的状態の慣性項と応力の運動方程式に代わる[*1]．なお記号 $\dot{u}$ は u の時間 t に関する偏微分を表す．したがって3つの式は次のようになる．

$$\varepsilon_{ij} = \frac{1}{2}(u_{i,j} + u_{j,i}) \quad (i, j = 1, 2, 3) \tag{4.1a}$$

$$\sigma_{ij} = C_{ijkl}\varepsilon_{kl} \quad (i, j = 1, 2, 3) \tag{4.1b}$$

$$\rho \ddot{u}_j + \sigma_{ij,i} = b_j \quad (j = 1, 2, 3) \tag{4.1c}$$

変位ベクトル，ひずみテンソル，応力テンソルの成分 $(u_i, \varepsilon_{ij}, \sigma_{ij})$ と物体力ベクト

[*1]　工学教程『材料力学Ⅰ』の 2.2.2 項，および『材料力学Ⅱ』の 3.2 節を参照のこと．

ル b_i は場所と時間の関数である. 均一な材料を仮定すると質量密度 ρ と弾性テンソル C_{ijkl} は, 通常, 定数となる.

式(4.1)での空間と時間の微分を同じように扱い, さらに成分表示の代わりに次のシンボル表示を使うと, 3つの式は次式のように表される.

$$\varepsilon = \frac{1}{2}(\nabla u + (\nabla u)^T), \quad v = \dot{u} \tag{4.2a, b}$$

$$\sigma = C : \varepsilon, \quad p = \rho v \tag{4.2c, d}$$

$$\dot{p} + \nabla \cdot \sigma = b \tag{4.2e}$$

ここで v は速度ベクトル, p は運動量ベクトルである. また ∇u は u の勾配, 上付添え字 T は2階のテンソルの転置, $\nabla \cdot \sigma$ は σ の発散 $((\nabla \cdot \sigma)_i = \sigma_{ji,j})$ を表す.

4.1.1　観測できる物理場

連続体力学の特徴は材料の一点一点が変位, ひずみ, 速度や運動量, 応力をもつことである. このような物理場を材料の内部で観測することはできない. 観測できない量を物理的に調べることは難しい. しかし, 式(4.2a)から, 適当な領域 V に対し,

$$\frac{1}{V} \int_V \varepsilon \, dv = \frac{1}{V} \int_{\partial V} \frac{1}{2}(n \otimes u + u \otimes n) \, ds \tag{4.3}$$

が導かれる. ここで n は境界 ∂V の外向き法線ベクトルである(図4.1(a)参照). $\otimes$ はテンソル積[*2]である. 体積積分 $\int_V \cdot dv$ から部分積分によって右辺を導出した. 式(4.3)よりひずみの V での体積平均が ∂V の変位の面積分から計算される. すなわち, 原理的には, ひずみの体積平均が表面の変位から間接的に観測できるのである. 同様に式(4.2e)から $b = 0$ の場合に,

---

[*2]　テンソル積については, 工学教程『ベクトル解析』の 2.2.1 項 b.(iii)を参照のこと.

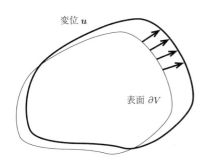

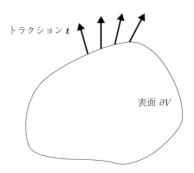

(a) 表面の変位 $\boldsymbol{u}$ を観測：ひずみ ε の体積平均が計算

$$\frac{1}{V}\int_V \varepsilon\, \mathrm{d}v = \frac{1}{V}\int_{\partial V} \frac{1}{2}(\boldsymbol{n}\otimes\boldsymbol{u}+\boldsymbol{u}\otimes\boldsymbol{n})\mathrm{d}s$$

(b) 表面のトラクション $\boldsymbol{t}$ を観測：応力 $\boldsymbol{\sigma}$ の体積平均が計算

$$\frac{1}{V}\int_V \boldsymbol{\sigma}\, \mathrm{d}v = \frac{1}{V}\int_{\partial V} \boldsymbol{t}\otimes\boldsymbol{x}\, \mathrm{d}s$$

図 4.1　表面の変位とトラクションから間接的に観測できるひずみと応力の体積平均

$$\frac{1}{V}\int_V \boldsymbol{\sigma}\, \mathrm{d}v = \frac{1}{V}\int_{\partial V} \boldsymbol{t}\otimes\boldsymbol{x}\, \mathrm{d}s + \frac{1}{V}\int_V \boldsymbol{p}\otimes\boldsymbol{x}\, \mathrm{d}v \tag{4.4}$$

が導かれる．ここで $\boldsymbol{t}=\boldsymbol{n}\cdot\boldsymbol{\sigma}$ は ∂V での**表面力ベクトル**（トラクションともよぶ）である．物体力がない準静的状態の場合，式(4.4)の右辺の第2項はゼロになり，式(4.3)と同様に原理的には，応力の体積平均が表面のトラクションから間接的に観測できるのである（図4.1(b)参照）．しかし動的状態の場合には，右辺の第2項が存在するので，そうした観測ができない．

　ひずみと応力の体積平均に比べると粗い扱いであるが，領域 V の積分の他に時間間隔 $0<t<T$ での積分も考え，速度の積分に関する次の近似を考える．

$$\frac{1}{VT}\int_0^T\int_V \boldsymbol{v}\, \mathrm{d}v\mathrm{d}t \approx \frac{1}{VT}\left[\int_{\partial V} \boldsymbol{u}\, \mathrm{d}s\right]_0^T \tag{4.5}$$

∂V の変位の平均の差から速度の時間・空間平均が近似できるのである．この平均を $\bar{v}$ とし，さらに，

$$\boldsymbol{p} \approx \rho\dot{\bar{\boldsymbol{u}}} \tag{4.6}$$

という近似を使うと

$$\frac{1}{V}\int_V \boldsymbol{\sigma}\,\mathrm{d}v = \frac{1}{V}\int_{\partial V} \boldsymbol{t}\otimes\boldsymbol{x}\,\mathrm{d}s + \rho\dot{\bar{\boldsymbol{u}}}\otimes\frac{1}{V}\int_V \boldsymbol{x}\,\mathrm{d}v \tag{4.7}$$

が導かれる．近似ではあるが，応力の体積平均が表面のトラクションから間接的に観測できる．物理場そのものは観測できないが，物理場の平均が間接的に観測できる．したがって実験データから動的状態の理論を構築したり，その逆に実験によって理論を裏づけることができるのである．

　上記の体積平均の計算に使われた体積積分を面積分に変換する部分積分は，運動量やエネルギーの保存則を導出することにも利用できる．たとえば運動量は

$$\int_V \boldsymbol{p}\,\mathrm{d}v + \int_{\partial V}\boldsymbol{t}\,\mathrm{d}s = \int_V \boldsymbol{b}\,\mathrm{d}v \tag{4.8}$$

すなわち V の全運動量と ∂V の全トラクションが，V の全物体力と一致するのである．同様に，

$$\frac{\mathrm{d}}{\mathrm{d}t}\int_V k\,\mathrm{d}v + \int_{\partial V}\boldsymbol{v}\cdot\boldsymbol{t}\,\mathrm{d}s = \int_V \boldsymbol{v}\cdot\boldsymbol{b}\,\mathrm{d}v \tag{4.9}$$

となる．左辺は V の運動エネルギー密度 $k=(1/2)\rho\boldsymbol{v}\cdot\boldsymbol{v}$ の時間変化である．すなわち全運動エネルギーの時間変化とトラクションの全仕事率が物体力の仕事率と一致する．なおトラクションと物体力の仕事率はそれぞれ $\boldsymbol{v}\cdot\boldsymbol{t}$ と $\boldsymbol{v}\cdot\boldsymbol{b}$ である．物体力がゼロの場合，

$$\int_V \boldsymbol{p}\,\mathrm{d}v + \int_{\partial V}\boldsymbol{t}\,\mathrm{d}s = 0 \tag{4.10}$$

$$\frac{\mathrm{d}}{\mathrm{d}t}\int_V k\,\mathrm{d}v + \int_{\partial V}\boldsymbol{v}\cdot\boldsymbol{t}\,\mathrm{d}s = 0 \tag{4.11}$$

となる．V の全運動量と ∂V の全トラクションが釣合い，V の全運動エネルギーの時間変化が ∂V のトラクションの全仕事率と釣合うことがわかる．

4.1.2　線形弾性体の波動方程式

式(4.1)から変位に関する次の支配方程式が導かれる.

$$\rho\ddot{u}_j+(C_{ijkl}u_{k,l})_{,i}=b_j \quad (j=1,2,3) \tag{4.12}$$

これは，空間(x_1, x_2, x_3)と時間tの4変数の関数であるu_1, u_2, u_3に関する連立した偏微分方程式である. 一般に式(4.12)は**波動方程式**とよばれる.

波動方程式の解は，$t'\equiv -t$と変数tを置き換えて時間を反転させても，波動方程式を満たす. すなわち過去から未来に進む解があれば，逆に未来から過去に戻る解も波動方程式を満たすのである. このような解，すなわち未来から時間をさかのぼって伝わってくる波動は観測されたことがない. 数理的に許容される未来から過去にさかのぼる解は，物理的には許容できない解となる. 波動方程式を解く際，このような解を除かなければならない. 通常，波動方程式で過去から未来に伝わる解のみを扱うことは**因果律**とよばれる.

4.2　波動方程式の解

動的状態を標準と考えると，式(4.12)の波動方程式の解は材料力学の基本的な解である. 線形の弾性材料に等方性を仮定して，さまざまな解析解が見つけられてきた. 等方性とは，たとえば，Lamè(ラメ)の定数(λ, μ)によって，弾性テンソルC_{ijkl}が

$$C_{ijkl}=\lambda\delta_{ij}\delta_{kl}+\mu(\delta_{ik}\delta_{jl}+\delta_{il}\delta_{jk}) \tag{4.13}$$

として表される場合である[*3]. なお，第1項の$\delta_{ij}\delta_{kl}$が表す4階のテンソルはどの直交座標系でも同一の成分をもつ. 第2項$\delta_{ik}\delta_{jl}+\delta_{il}\delta_{jk}$が表す4階のテンソルも同様にどの直交座標系でも同一の成分をもつ. これは2階の対称テンソルを同じ2階の対称テンソルに変換する.

デカルト座標の場合は次節以降に説明するが，円筒座標，球座標などの直交曲線座標において，等方弾性を仮定した波動方程式の解析解が導かれている. デカルト座標での波動方程式は4つの変数を使う3つの成分の連立偏微分方程式である

[*3]　工学教程『材料力学I』の2.2.5項も参照のこと.

が，対称性を仮定することで，変数や成分を減らすことができる．たとえば，1つの直線に関する円対称性を仮定すると，円筒座標での波動方程式を解くことで解析解を得ることができる．同様に，1点に関する球対称性を仮定すると，球座標での波動方程式を解くことで解析解を得ることができる．このような解析解は，特定の形式の2階常微分方程式の解を使ったものである．やや数理的な説明となるが，この特殊関数を級数展開すると，三角関数と同様の形式となり，超幾何関数[*4] とよばれる．

　波動方程式は4つの変数を使う3つの成分の連立偏微分方程式とはいえ，線形の方程式であり，数値解析には適している．このため，波動方程式を支配方程式とする初期値・境界値問題に解析解が使われることは極めて限られている．なお，線形ではあるものの，波動の発生と伝播を扱う場合には，波動の先端では関数が不連続となる．不連続な関数の数値解析は決して簡単ではない．

4.2.1　平面波と球面波

　デカルト座標の波動方程式では，解析解の1つに無限体を進む**平面波**がある．平面波とは1つの方向に進む波であり，進む方向を $\boldsymbol{\xi}$ とすると，この $\boldsymbol{\xi}$ の直角方向は同一の振幅をもつため，面のように動く波となっている．数理的に平面波を解釈すると，空間の3変数 $\boldsymbol{x}$ の代わりに，空間では $\boldsymbol{\xi} \cdot \boldsymbol{x}$ の1変数の関数となっていると考えられる．実際，$\boldsymbol{\xi}$ に垂直方向に $\boldsymbol{x}$ が動いても $\boldsymbol{\xi} \cdot \boldsymbol{x}$ の値が変わらないので，面のように動く波となることがわかる．この解釈は変位関数のFourier（フーリエ）変換と考えることもできる．すなわち，$\boldsymbol{\xi}$ を Fourier 変換の $\boldsymbol{x}$ に対する変数と考えるのである．時間 t に対する変数を ω とすると，関数 $\boldsymbol{u}(\boldsymbol{x}, t)$ を $\exp(-i(\omega t + \boldsymbol{\xi} \cdot \boldsymbol{x}))$ を使って

$$\boldsymbol{u}(\boldsymbol{\xi}, \omega) = \iint \boldsymbol{u}(\boldsymbol{x}, t) \exp(-i(\omega t + \boldsymbol{\xi} \cdot \boldsymbol{x})) \, \mathrm{d}v_x \mathrm{d}t \tag{4.14}$$

として Fourier 変換 $\boldsymbol{u}(\boldsymbol{\xi}, \omega)$ が計算される．記号 $\int (.) \, \mathrm{d}v_x$ は無限体での体積積分を表し，簡単のため元の関数と変換された関数に同じ記号 $\boldsymbol{u}$ を用いている．も

[*4]　超幾何関数とは，超幾何級数で定義される特殊関数のこと．

ちろん $\boldsymbol{u}(\boldsymbol{x}, t)$ は $\boldsymbol{u}(\boldsymbol{\xi}, t)\exp(-i(\omega t + \boldsymbol{\xi}\cdot\boldsymbol{x}))$ の積分

$$\boldsymbol{u}(\boldsymbol{x}, t) = \frac{1}{(2\pi)^4}\iint \boldsymbol{u}(\boldsymbol{\xi}, t)\exp(-i(\omega t + \boldsymbol{\xi}\cdot\boldsymbol{x}))\,\mathrm{d}v_\xi\mathrm{d}\omega \tag{4.15}$$

として与えられる. この積分は, 1 変数関数 $\exp(-i(\omega t + \boldsymbol{\xi}\cdot\boldsymbol{x}))$ で与えられる平面波の重ね合わせという物理的な解釈ができる.

成分表示に戻し, 物体力をゼロとした波動方程式(4.12)に Fourier 変換された式(4.14)を代入すると, 次式が導かれる.

$$(\rho\omega^2\delta_{ij} - (\boldsymbol{\xi}\cdot\boldsymbol{C}\cdot\boldsymbol{\xi})_{ij})u_j(\boldsymbol{\xi}, \omega) = 0 \quad (i = 1, 2, 3) \tag{4.16}$$

ここで $(\boldsymbol{\xi}\cdot\boldsymbol{C}\cdot\boldsymbol{\xi})_{ij} = C_{ikjl}\xi_k\xi_l$ である. 上式は 4 変数 $(\xi_1, \xi_2, \xi_3, \omega)$ に対する 3×3 のマトリックス方程式であるが, ω が与えられた場合, (ξ_1, ξ_2, ξ_3) の固有値問題と考えることができる. Fourier 変換の係数を物理的に解釈すると, ω は周波数, $\boldsymbol{\xi}$ は波数ベクトルである. すなわち周波数が決まると, 平面波の波数が決まるのである. 弾性に等方性を仮定すると, 式(4.16)は簡単に解くことができる. 弾性テンソル C_{ijkl} の成分が座標系によらないことから, $\boldsymbol{\xi}$ の方向を x_1 とした座標系をとればよい. すなわち,

$$(\xi_1, \xi_2, \xi_3) = (\xi, 0, 0)$$

としてもよく, Lamè の定数を使って式(4.16)は次のマトリックス方程式に書き換えることができる.

$$\begin{bmatrix} \rho\omega^2 - (\lambda+\mu)\xi^2 & 0 & 0 \\ 0 & \rho\omega^2 - \mu\xi^2 & 0 \\ 0 & 0 & \rho\omega^2 - \mu\xi^2 \end{bmatrix}\begin{bmatrix} u_1 \\ u_2 \\ u_3 \end{bmatrix} = \begin{bmatrix} 0 \\ 0 \\ 0 \end{bmatrix} \tag{4.17}$$

与えられた ω に対し, 式(4.17)を満たす ξ は,

$$\xi = \pm\sqrt{\frac{\rho}{\lambda+\mu}}\,\omega, \quad \pm\sqrt{\frac{\rho}{\mu}}\,\omega$$

である. 対応する (u_1, u_2, u_3) は, 第 1 の解には $(1, 0, 0)$ であり, 第 2 の解には $(0, 1, 0)$ と $(0, 0, 1)$ である. 第 1 の解は速度 $\sqrt{(\lambda+2\mu)/\rho}$ で進行方向と同じ方向の変位振幅をもつ平面波, 第 2 の解は速度 $\sqrt{\mu/\rho}$ で進行方向と直角方向の変位振幅

をもつ平面波である．速度の大きい第 1 の平面波は **P 波**(primary wave)，速度の小さい第 2 の平面波は **S 波**(secondary wave)とよばれる．図 4.2 に P 波と S 波を模式的に示す．

　波動方程式を球面座標系で表すと，別の解析解を見つけることができる．数値計算を利用しない解析解であるため，球面座標系での解析解の導出には手間がかかる．標準的な導出は，最初に等方性を仮定したうえで変位ベクトルの成分を与えるポテンシャルを導入し，変位に対する波動方程式を，ポテンシャルに対するより単純な形式の波動方程式に置き代えることから始まる．次にポテンシャルの波動方程式を球面座標系で表し，解析解を見つけるのである．図 4.3 に模式的に示すように，球面状の波面をつくり減衰しながら進む**球面 P 波**は，他の解析解よりは簡単に求めることができる．具体的には，球座標系の半径方向の変位 u_r は次のポテンシャル Φ の微係数として，次式

$$u_r \equiv \frac{\partial \Phi}{\partial r} \tag{4.18}$$

で与えられる．ポテンシャル Φ は次の波動方程式を満たす．

$$\frac{\partial^2 (r\Phi)}{\partial r^2} = \frac{1}{c^2} \frac{\partial^2 (r\Phi)}{\partial t^2} \tag{4.19}$$

ここで $c^2 = (\lambda + 2\mu)/\rho$ であり，c は平面波の P 波の速度である．デカルト座標系の P 波，S 波と比べると，導出には手間がかかる．解析解の重要性を決して否定するものではないが，その導出は極めて技巧的であり，本章では説明しない．

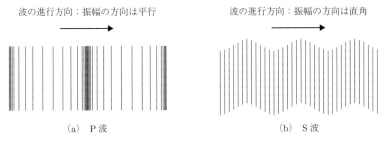

波の進行方向：振幅の方向は平行　　　　波の進行方向：振幅の方向は直角

(a)　P 波　　　　　　　　(b)　S 波

図 **4.2**　等方弾性体の P 波と S 波

波の進行方向：点対称

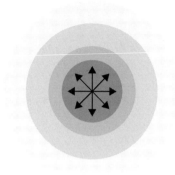

図 **4.3** 等方弾性体の球面 P 波

4.2.2 実体波と表面波

前節で説明した平面波と球面波は無限体における波動方程式の解であった．この解の導出にあたって，遠方で振幅が発散しないという無限体の境界条件が暗に仮定されていた．無限体の解は**実体波**とよばれる．一方，地震波のように地殻や地盤を伝わる波や，はり，板のような構造部材を伝わる波を扱うには，無限体の解だけではなく，波動方程式の半平面の解を使うと便利である．半平面は無限体を半分に割ったものであり，表面は表面力がゼロとなるトラクションフリーの境界条件をもつ．半平面の解は**表面波**とよばれる．

実体波は物体力をゼロとした波動方程式の解であり，遠方で発散しないという条件のもとで，この方程式を満たす関数を見つければ十分であった．実体波と同様に，表面波も遠方で発散しないという条件のもとでの波動方程式の解であるが，加えて，半平面の表面でトラクションフリーという境界条件を満たすことが必要である．表面波の解を見つける手順は，最初に波動方程式を満たす関数を選び，次にその関数の中から境界条件を満たすものを選ぶ，という手順である．実体波が波動方程式の固有値問題に帰着したことと比べると，表面波は境界値問題の固有値問題となる．なお表面波で使われる波動方程式の解には，半平面の遠方で振幅が指数関数的に減少する関数が使われ，実体波の解とは性質が異なる．デカルト座標や極座標での波動方程式に対し，表面波の解析解が見つかっている．

しかし，その導出は実体波の導出以上に技巧的である．

　本節では，表面波の中でも比較的簡単に導出できる **Love**(ラブ)**波**と **Ray-leigh**(レイリー)**波**を紹介するに留める．Love 波は 2 次元面外せん断変形による表面波である．重要な点は単一の層からなる半平面では解がなく，平行な 2 層の半平面の解となっていることである．厚くて固い半平面の上に一様な厚さの薄くて柔らかい層が載っている状態に対応する．この 2 層の半平面は，固い地盤の上に柔らかい表層地盤が載っているという地盤構造のモデルと考えることができる．Rayleigh 波は 2 次元平面ひずみ状態での表面波である．Love 波と異なり，単一の層の半平面でも Rayleigh 波の解がある．

4.3　波動方程式と非破壊検査

　非破壊検査(non-destructive inspection, NDI)とは，構造部材中に内在する欠陥の有無や位置，大きさを調べることを目的とした試験である．非破壊と称するように，この検査によって構造部材などに新たな損傷を起こさないことが重要で，弾性波や電磁波を入力し，透過や反射した波を計測し，その分析から欠陥の同定[*5]を行う．工学分野のみならず，医用診断でも多用されている．計測機器などの発展とともに，非破壊検査の技術は急速に進み，成熟した実用レベルに達している．本節では，弾性波の波動方程式の解の実用例として，この非破壊検査を説明する．なお，技術開発の点からみると，非破壊検査では，入力や計測の機器や，計測データのノイズ除去などが重要である．構造部材を伝播する波の分析には，比較的大きな数値計算が必要であるが，線形の波動方程式を数値解析で解くことに大きな困難があるわけではない．

4.3.1　反 射 と 透 過

　弾性テンソルが異なる材料の境界では弾性波の反射と透過が起こる．正確には，1 つの材料の領域から別の材料の領域に弾性波が入射する場合，領域の境界で弾性波の一部が反射し，残りが次の材料の領域に進む．この反射波と透過波の

[*5]　同定とは，科学全般の用語で，ある対象物が何であるかを突き止める行為のこと．

振幅はもちろんのこと，入射が境界面に対して斜めである場合，反射波や透過波の方向も2つの材料の弾性係数から計算することができる．反射と透過は，数理的には2つの領域で弾性テンソルが異なる波動方程式として設定され，2つの領域の境界における連続条件を解くことで，反射波と透過波の振幅と方向が計算されるのである．なお，連続条件とは，境界での速度とトラクションがそれぞれ連続するという条件であり，より具体的には，入射波と反射波の和の波の速度とトラクションが，透過波の速度やトラクションと一致することである．なお，異なる材料の境界で常に反射が起こるとは限らない．入射波がすべて（振幅などが異なる）透過波となる場合があることに注意が必要である．

　反射と透過の性質を使って，非破壊検査では，構造部材内部の弾性テンソルが異なる部分の有無を調べることができる．透過波と反射波を分析することで，弾性テンソルないしそれを決定する弾性定数の違いを定量的に調べることも可能である．

4.3.2　き 裂 の 同 定

　構造部材内のき裂の有無の検査や位置，形状の同定は非破壊検査の重要項目である．き裂は，数理的には薄い空隙としてモデル化され，空隙の境界面はトラクションフリーとなる．き裂のモデルは，工学教程『材料力学Ⅱ』の10.2節で詳述したように，空隙の厚さをゼロとした極限でもある．き裂の上下の面で変位は不連続となるため，き裂を変位関数の不連続面と考えることもできる．トラクションフリーの境界で弾性波はすべて反射することになる．したがって，入射した波に対して，反射波があればき裂が存在することになる．また，弾性波の速度がわかる場合，波の入射後に反射波を計測した時間を使うことで，き裂の位置を推定することもできる．これは**走時**とよばれる．これはもっとも簡単なき裂の同定であるが，反射波の有無とその時間を計測するだけでよく，計測につきもののノイズの影響を大きく低減することができる．

　入射波の波形が既知であることを利用し，反射波の波形を計測することで，より正確にき裂の位置や形状を計測することも可能である．これは**逆解析**[*6]とよ

[*6]　通常は構造物の物理的条件を定めてから特性や応答を求めるが，これを順解析とよぶのに対して，逆に構造物の特性や応答から形状や材料特性，境界条件などの物理的条件の一部を求めることを逆解析とよぶ．

ばれる解析の一例である．非破壊検査の場合，位置や形状を適当に決めたき裂を含む解析モデルを使って逆解析が行われる．入射波を与えた波動方程式を解き，その解から得られる反射波が計測された反射波と一致するように，き裂の位置や形状を変えていくのである．複数の入射波を使ったり，反射波の他に構造部材を透過した波を使うことも多い．この逆解析を利用したき裂の同定の非破壊検査には，さまざまな計測技術や解析技術が開発されている．

4.4　波動方程式と構造物の震動

　構造物が大きくなればなるほど，鉛直方向の自重に耐えることは難しくなる．簡単な例として，立方体の構造物を考えてみると，寸法が倍になれば自重は 8 倍になるが，断面は 4 倍にしかならず，作用する応力が 2 倍になるからである．地震動による主な荷重は水平方向の加速度であり，重力と同様に大きな構造物ほど耐えることは難しくなる．この点を踏まえ，本節では，耐震設計[*7]の基本となる構造物の地震応答解析の基礎を説明する．なお，地殻の破壊が地震であり，地震が引き起こす波が地震波，そして地震波が地表面に伝わって生じる地盤の揺れが地震動である．地震応答は地震動による構造物の揺れである．

4.4.1　振 動 と 波 動

　地震波は波動であるが，地震応答は構造物の振動である．このため波動と振動という異なる現象として認識されることがある．しかし材料力学の観点からは，同じ波動方程式によって記述され，波動と振動の区別はない．一方，数理的な観点からは，波動方程式には，特定の周波数で振動する解がある．式 (4.12) の場合，

$$u_j(\boldsymbol{x}, t) = \exp(i\omega t) U_j(\boldsymbol{x}) \tag{4.20}$$

という形式の解は振動に対応する．ここで ω が周波数，i は虚数単位，右辺の $U_j(\boldsymbol{x})$ が振動の変位であり，波動方程式の偏微分方程式の他，境界条件も満た

[*7]　耐震設計とは，地震力に対して，土木・建築構造物などが耐えるように，構造部材を設計すること．工学教程『材料力学 II』の第 13 章の構造設計の基礎も参考のこと．

す．モードとよばれることもある．この振動の解の重ね合わせを使って波動方程式の解を得ることは，Fourier 変換を使った偏微分方程式の解法である．

Fourier 変換の数理を考えると，振動の重ね合わせが波動をつくることは簡単に理解できる．しかし逆に，波動の重ね合わせが振動となることには工夫が必要である．地震応答の場合，地震動は構造物を支える地盤の剛体変位としてモデル化され，この地震動が構造物のすべての点に地震動と同じ剛体変位を加える．剛体変位は空間的に一様であるが，時間変化し，各点に加速度を生じさせる．式 (4.12) を使って説明すると，地震動を u^g とすれば，地震応答 u は

$$\rho \ddot{u}_j + (C_{ijkl} u_{k,l})_{,i} = -\rho \ddot{u}_j^g \quad (j=1,2,3) \tag{4.21}$$

を満たすのである．すなわち物体力ベクトルが $b = -\rho \ddot{u}^g$ の場合である．繰り返しであるが，構造物のすべての点に地震動の加速度が加わり応答 u が生じる．地震動は波動として構造物を下から上へ伝わるということでは決してない．

波動方程式の Green（グリーン）関数[*8] を使うと，上記の構造物の地震応答という振動は簡単に定式化できる．なお Green 関数は初期条件と境界条件も考慮した波動方程式の解であり，構造物に特有のものとなる．この条件を考慮しない解は基本解とよばれ，通常は無限体の解が使われる．Green 関数を $G(\boldsymbol{x}, t; \boldsymbol{y}, s)$ とすると，

$$u_i(\boldsymbol{x}, t) = \iint G_{ij}(\boldsymbol{x}, t; \boldsymbol{y}, s)(-\rho \ddot{u}_j^g(s)) \, dv_y ds \tag{4.22}$$

として形式的に式 (4.12) の解が導かれる．$G_{ij}(\boldsymbol{x}, t; \boldsymbol{y}, s)$ は点 $\boldsymbol{y}$ と時間 s で生じた単位の大きさの x_j 方向の物体力がつくった波動の，点 $\boldsymbol{x}$ と時間 t での x_i 方向の変位である．また u^g は時間のみの関数である．波動 G の組み合わせとして応答 u が計算される．応答を振動とみなせば，波動の重ね合わせによって振動をつくるのである．なお同じ重ね合わせという言葉が使われているが，周波数で積分する Fourier 逆変換が振動の重ね合わせであるのに対して，Green 関数を使って空間と時間で積分することが波動の組み合わせであることに注意が必要である．

[*8] Green 関数については，工学教程『偏微分方程式』の 2.4 節を参照のこと．

4.4.2　地盤-構造物相互作用

　前項では，地震動を構造物底面での空間的に一様な地盤の揺れとしてモデル化した．このモデルは，もちろん地震動のもっとも簡単かつ基本的なモデルである．しかし，現実には空間的に一様でないことは自明である．実際，構造物の揺れは，それを支える地盤に力を及ぼすことになるので，構造物がある場合とない場合で，地盤の揺れは異なる．すなわち，地盤と構造物は互いに影響しあって振動する．これは**地盤-構造物相互作用**(soil-structure interaction, SSI)とよばれる．なお，比較的硬い地盤や基礎に乗っているものや，深部の硬い地盤まで届いた杭に支えられる場合など，構造物の設置方法にはさまざまな場合がある．この設置方法によっても地盤-構造物相互作用は影響される．

　材料力学の観点からは，地盤-構造物相互作用を考えるためには，地盤と構造物の両方で波動方程式を解くことが必要となる．構造物と地盤の両方を含む適切な解析領域を設け，領域の境界での条件の他，構造物と地盤が接する境界での条件も考えて波動方程式を解くことになる．地震動は，地盤の領域での境界条件として与えられることになる．この境界条件の設定には工夫が必要である．そもそも地盤の一部の有限な領域を取り出しているので，地盤の領域の境界は，数理的に導入された仮想的な境界である．構造物から地盤に伝わる力は地盤の中を波動として伝わるが，この仮想境界をそのまま透過しなければならないのである．仮想境界での境界条件の設定は流体中の波や電磁波にも共通した課題であり，特に数値計算において，仮想境界での不必要な反射を無くしたり低減したりする手法[*9]が開発されている．

　地盤と構造物の接触面での境界条件[*10]も注意が必要である．材料力学の観点では，地盤の各点も構造物の各点も，隣の点に何があろうとも式(4.2)の3つの場の式を常に満たす．各点に新たな式が加わる訳ではない．したがって地盤と構造物の接触面の境界条件が，地盤-構造物相互作用を決定することになる．見かけ上，相互作用の結果，地盤と構造物は特殊な応答を示すが，これは，接触面の境界条件の影響と割り切るのである．これは，点ごとに支配方程式が成立する材料力学の利点であるが，同時に，直感的には理解しづらい点でもある．なお，接

[*9]　無反射境界条件あるいは吸収境界条件とよばれる.
[*10]　本書の第6章も参照のこと.

触面の境界条件には，通常，変位とトラクションが連続であることが使われる．地盤に比べ硬い地中埋設管では地盤物のすべりを考慮した境界条件が使われることがある．この場合でもトラクションは連続である．

5 非定常熱応力

高温機器では構造物中に温度差が生じやすいことから，熱応力が主要な荷重となる．特に高温プラントなどの起動停止などの運転時に過渡的に生じる非定常熱応力は，高い応力となりしばしば破損の要因となることから注意が必要である．非定常熱応力の発生要因は，機器が内包する熱流体の過渡現象であることが多いことから，荷重の想定が難しい．また熱–流動–構造の相互作用によって発生することから，その予測には連成解析[*1] が必要となる．本章では高温機器に発生する典型的な非定常熱応力問題を紹介したうえで，その予測に必要な基礎知識を述べる．

5.1 熱過渡応力問題

エネルギー機器や化学プラントで使用する高温機器は，熱流体を内包することが多く，起動停止などの過渡運転時には流体温度が大きく変動する．それが構造材に伝わると厳しい熱過渡応力が生じ，寿命中に繰り返されると熱疲労や熱変形の破損モードを引き起こすことから，高温構造物の設計上注意が必要である．また，熱過渡応力は熱–流動–構造の相互作用によって発生することから，その挙動は複雑であり，機器内の熱流動現象によりさまざまなパターンがある．図 5.1 に高温機器に見られる典型的な熱応力の例を概説する．図 5.1 において，(a)，(b) は定常熱応力であり，(c)から(g)は熱過渡応力である．

(a)は，建屋に固定支持された容器間を結ぶ配管が，昇温とともに熱膨張して運転中に容器から熱膨張反力を定常的に受けるケースである．(b)は低温に保つ必要があるコンクリート床に固定された支持構造と，運転中に高温に保たれる容器との間の熱膨張差によって生じる定常熱応力である．(c)は容器内に自由液面がある場合に容器壁の鉛直方向温度勾配によって発生する熱応力であり，過渡的状態だけでなく定常状態でも生じる．(d)は高温流体領域に低温流体が低速で流

[*1] 連成解析とは，流体と固体などの複数の物理現象が相互作用する現象である連成現象を解析すること．

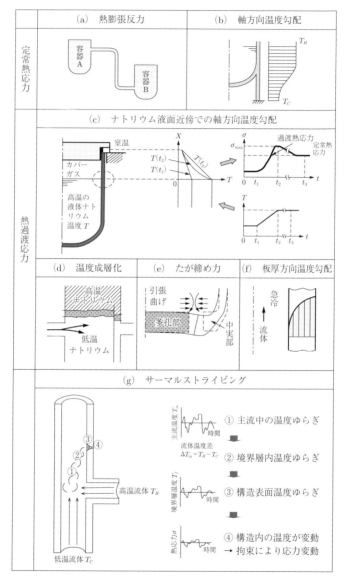

図 5.1　プラント機器における典型的な熱応力

上坂充，鬼沢邦雄，笠原直人，鈴木一彦，李銀生：『原子力教科書　原子炉構造工学(第 2 版)』(オーム社, 2021)，図 6.4 を参考に作成.

入するときに起こり得る現象であり，**温度成層化**とよばれる．高低温流体の密度差に基づく浮力と慣性力のバランスにより，ある条件下では高低温流体が容易には混合せず，ある期間，高さ方向に温度勾配を形成し，接する容器壁に(c)と類似の鉛直方向温度勾配による熱応力を生起させる．(e)は冷却材の温度変化に対して，温度追従のよい部材とそうでない部材との間で熱膨張差が生じ，連続性を保つために両者が拘束し合って生じるたが締め力である．冷却材が通過する多孔部と周辺のリム構造[*2] とからなる熱交換器管板がその典型例である．(f)は板の片側に冷却材が接している場合に，温度追従のよい接液面と追従の遅れる反対面の間に温度差が生じ(e)と同様の機構で生起される板厚方向温度勾配による応力である．これは内外面の追従の差が有意になる程度に冷却材の温度変化が速い場合に問題となる．冷却材温度変化によって生じる熱過渡応力は，プラント機器にとって主要な荷重である．(g)はさまざまな要因によって生じるが，高低温の流体の合流部で比較的速いサイクルの不規則温度ゆらぎが生じ，その近傍の構造物で板厚内の温度勾配が変動することによって高サイクル熱疲労が生じる可能性がある．この現象は**サーマルストライピング**とよばれる．

5.2　定常熱伝導と非定常熱伝導方程式

　熱応力を予測するにはその原因となる構造内の温度分布を求めることが必要になる．物質内部や物質間でやりとりされる熱エネルギーの伝達機構には，熱伝導，対流熱伝達，輻射熱伝達などさまざまなものがある．本節では，固体中の熱伝導と，固体と周辺流体との熱のやり取りである熱伝達に関して述べる．なお，**熱伝導**とは，物質を構成する原子・分子の熱振動に起因して熱エネルギーが物質内を伝わる現象であり，固体や静止した流体では熱伝導が支配的な熱エネルギーの伝達機構となる．この場合，次項で述べるように，伝わる熱エネルギー量(**熱流束**とよばれる)は，その場所の温度勾配に比例し，その比例係数は**熱伝導率**とよばれる．また，固体表面とそこに接する流体の間で行われる熱エネルギーの伝達は**熱伝達**とよばれ，固体と流体が接する界面で伝達される熱流束は，固体表面温度と接する流体側の温度の差に比例し，その比例係数は**熱伝達率**とよばれる．なお，本書では詳述しないが，固体から離れたところにある放熱源から固体表面

---

*2　リム構造とは，車輪などの外縁部にある全体の形状を支えている硬質の円環のこと.

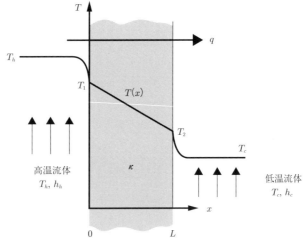

図 **5.2** 定常熱伝導問題

への**輻射**による熱エネルギーの伝達は，輻射熱伝達とよばれ，放熱源温度の4乗と固体表面温度の4乗の差に比例する熱流束が生じる．

5.2.1 定常熱伝導問題

まず構造内の温度分布を求める際の基礎となる定常熱伝導問題の典型例として，図5.2に示す内外面から熱伝達を受ける平板を考える．

構造内の1次元の温度分布 $T(x)$ は次の **Fourier**(フーリエ)**の法則**に従う．

$$\kappa\frac{\partial T}{\partial x}=-q=一定 \tag{5.1}$$

ここで，κ は熱伝導率，q は熱流束である．式(5.1)から温度は板厚方向に線形分布する．

高温流体と板表面の熱伝達率を h_h，低温流体と板表面の熱伝達率を h_c，板厚を L とすると，熱伝達境界条件と板厚内の温度勾配は以下のように表される．

$$q = \begin{cases} h_h(T_h - T_1) & (x=0) \tag{5.2a} \\[2ex] \kappa \dfrac{T_1 - T_2}{L} & (0 < x < L) \tag{5.2b} \\[2ex] h_c(T_2 - T_c) & (x=L) \tag{5.2c} \end{cases}$$

ここで，高温流体から低温流体への板を介した熱通過率 K を，

$$\frac{1}{K} \equiv \frac{1}{h_h} + \frac{L}{\kappa} + \frac{1}{h_c} \tag{5.3}$$

と定義すると，平板を通過する熱流束は次のように求まる.

$$q = K(T_h - T_c) \tag{5.4}$$

式(5.4)で与えられる q を式(5.1)に代入し解くと温度分布が得られる.

5.2.2　非定常熱伝導問題

1 次元の非定常熱伝導方程式は，次式のような 2 階の偏微分方程式で表される．多次元でも基本は同じである.

$$\rho c \frac{\partial U}{\partial t} = \kappa \frac{\partial^2 U}{\partial x^2} \tag{5.5}$$

ここで，$U(x, t)$ は温度，ρ は質量密度，c は比熱である.

式(5.5)の左辺は熱容量 ρc に温度の時間変化率をかけたものであり，単位体積あたりの熱エネルギーの時間変化率を表している．一方，右辺の温度の空間 2 階微分は，式(5.6)のように書き直すと，温度分布のへこみの度合(図 5.3 に示すある点の温度とその近傍点の平均温度の差)を表していることがわかる．これに熱伝導率をかけた右辺は，温度分布のへこみ度合に応じて，Δx の微小領域から流れ出したり，流入したりする熱流束を表している.

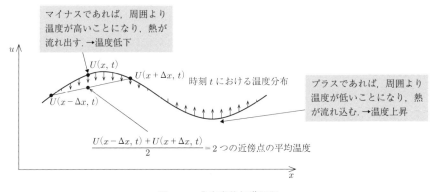

図 5.3 非定常熱伝導問題

$$\frac{\partial^2 U}{\partial x^2}(x,t) \cong \frac{U(x+\Delta x,t)-2U(x,t)+U(x-\Delta x,t)}{\Delta x^2}$$

$$=\frac{2}{\Delta x^2}\left(\frac{U(x+\Delta x,t)+U(x-\Delta x,t)}{2}-U(x,t)\right) \tag{5.6}$$

式(5.5)を次のように書き直し,

$$\frac{\partial U}{\partial t}=a^2\frac{\partial^2 U}{\partial x^2}, \quad a^2\equiv D\equiv\frac{\kappa}{\rho c} \tag{5.7}$$

長さ L で正規化した境界条件

$$U(0,t)=0, \quad U(1,t)=0 \tag{5.8}$$

と初期条件

$$U(x, t) = \Phi(x), \quad 0 \leq x \leq 1 \tag{5.9}$$

のもとで解く. なお, D は熱拡散率(温度拡散率)とよばれる. 解の形式として変数分離型の次式を仮定する.

$$U(x, t) = X(x) T(t) \tag{5.10}$$

ここで, $X(x)$ は空間変数 x のみの関数であり, $T(t)$ は時間 t のみの関数である. $X(x)$ は**形状関数**とよばれる.

式(5.10)を偏微分方程式(5.7)に代入すると次式が得られる

$$X(x)\frac{\mathrm{d}T}{\mathrm{d}t} = a^2 \frac{\mathrm{d}^2 X}{\mathrm{d}x^2} T(t) \tag{5.11}$$

$$\frac{\dfrac{\mathrm{d}T}{\mathrm{d}t}}{a^2 T} = \frac{\dfrac{\mathrm{d}^2 X}{\mathrm{d}x^2}}{X} = \text{一定} \equiv -p^2 \tag{5.12}$$

式(5.12)の導出において2つの変数に独立であるのは定数であることと, 発散しない解を得るにはそれが負の値であることに着目した. 式(5.12)からは, 次の2つの常微分方程式が得られる.

$$\frac{\mathrm{d}T}{\mathrm{d}t} + a^2 T p^2 = 0 \tag{5.13a}$$

$$\frac{\mathrm{d}^2 X}{\mathrm{d}x^2} + X p^2 = 0 \tag{5.13b}$$

それぞれを解くと次の解が得られる.

$$T(t) = e^{-p^2 a^2 t} \tag{5.14a}$$

$$X(x) = A \sin(px) + B \cos(px) \tag{5.14b}$$

式(5.14)を式(5.10)に代入すると

$$U(x, t) = X(x) T(t) = e^{-p^2 a^2 t} \{ A \sin(px) + B \cos(px) \} \tag{5.15}$$

が得られる. 式(5.15)の中から境界条件(5.8)を満足するモードを決定する.

$$Be^{-p^2a^2t}=0 \quad \text{より} \quad B=0 \tag{5.16a}$$

$$Ae^{-p^2a^2t}\sin(p)=0 \quad \text{より} \quad \sin(p)=0 \tag{5.16b}$$

$x=1$ の場合の境界条件(5.16b)から p は次のように決定される.

$$p=\pm\pi, \pm2\pi, \pm3\pi, \ldots\ldots$$

よって式(5.15)は次式となる.

$$U(x,t)=Ae^{-(n\pi a)^2t}\sin(n\pi x), \quad n=1,2,3,\ldots\ldots \tag{5.17}$$

問題の線形性を利用すると,式(5.17)の解を重ね合わせて,次式のように一般性のある解を得ることができる.

$$U(x,t)=\sum_{n=1}^{\infty}A_ne^{-(n\pi a)^2t}\sin(n\pi x) \tag{5.18}$$

式(5.18)の各係数 A_n は,初期条件(5.9)から Fourier 級数の直交性を利用して次式のように決定することができる.

$$\Phi(x)=\sum_{n=1}^{\infty}A_n\sin(n\pi x) \tag{5.19}$$

$$A_n=2\int_0^1\Phi(x)\sin(n\pi x)\,\mathrm{d}x \tag{5.20}$$

式(5.18)の解の形は Fourier 級数と類似しており,違いは減衰効果を表す時間項 $e^{-(n\pi a)^2t}$ の有無のみである.時間項の指数に自然数 n が含まれていることから,図5.4に示すように,高次項ほど減衰が早いことがわかる.このため長時間経過後は,式(5.18)の解は次のように第1項のみで近似できる.

$$U(x,t)\approx A_1e^{-(\pi a)^2t}\sin(\pi x) \tag{5.21}$$

この解では,時間の経過とともに最終的には,$0\leq x\leq1$ の温度が一様にゼロとなる定常状態に達する.

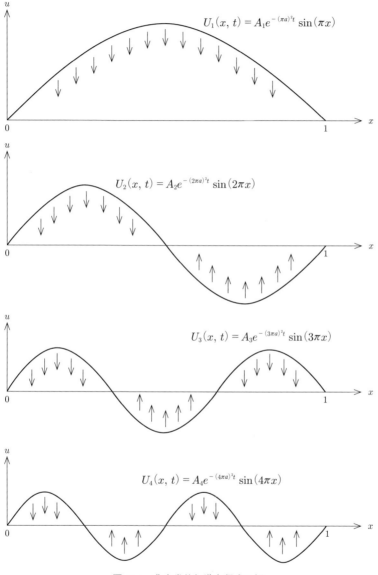

図 **5.4** 非定常熱伝導方程式の解

5.3 熱弾性方程式

5.3.1 板幅方向の非定常温度分布を受ける厚板引張曲げ問題

　非定常熱応力の基本的な問題として，図5.5の厚板に板幅方向(y方向)の非定常温度分布が生じた場合の熱応力を求める[*3].

　初期条件として温度T_0であった厚板の板幅($2c$)の両面の温度を瞬時にT_1に変化させる場合の非定常熱応力を計算する．y方向の非定常熱伝導方程式を式(5.7)を参考に次のように記述する．

$$\frac{\partial U}{\partial t} = a^2 \frac{\partial^2 U}{\partial y^2} \tag{5.22}$$

初期条件と境界条件は次のようになる．

$$U(y, 0) = T_0 \tag{5.23}$$
$$U(c, t) = T_1, \quad U(-c, t) = T_1, \tag{5.24}$$

　一般解は定常解と非定常解の足し合わせで表現できることから

$$T(y, t) \equiv T_1 + U(y, t) \tag{5.25}$$

とおく．前節で説明した変数分離法により，式(5.22)を上記の初期条件と境界条件のもとで解くと，y方向温度分布が次式のように求まる．

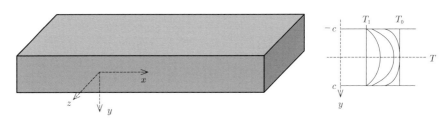

図 5.5　板幅(y方向)の非定常温度分布を受ける厚板引張曲げ問題

[*3]　工学教程『材料力学II』の8.3.3項も参照のこと．

$$T(y, t) = T_1 + \frac{4}{\pi}(T_0 - T_1)\left\{e^{-p_1 t}\cos\left(\frac{\pi y}{2c}\right) - \frac{1}{3}e^{-p_3 t}\cos\left(\frac{3\pi y}{2c}\right) + \cdots\right\} \tag{5.26}$$

工学教程『材料力学Ⅱ』の 8.3.3 項で学んだ厚板の熱弾性方程式は

$$\sigma_x = \sigma_z = -\frac{\alpha TE}{1-\nu} + \frac{1}{2c(1-\nu)}\int_{-c}^{c}\alpha TE\,\mathrm{d}y + \frac{3y}{2c^3(1-\nu)}\int_{-c}^{c}\alpha ET\,\mathrm{d}y \tag{5.27}$$

であり，α は線膨張率である．この温度 T に式(5.26)を代入すると次の解が得られる．

$$\sigma_x = \sigma_z = \frac{4\alpha E(T_0 - T_1)}{\pi(1-\nu)}\left\{e^{-p_1 t}\left(\frac{2}{\pi} - \cos\frac{\pi y}{2c}\right) + \frac{1}{3}e^{-p_3 t}\left(\frac{2}{3\pi} - \cos\frac{3\pi y}{2c}\right)\right.$$
$$\left. -\frac{1}{5}e^{-p_5 t}\left(\frac{2}{5\pi} - \cos\frac{5\pi y}{2c}\right) + \cdots\right\} \tag{5.28}$$

長時間経過後は，式(5.28)の解は次式のように第 1 項によって近似できる．

$$\sigma_x = \sigma_z = \frac{4\alpha E(T_0 - T_1)}{\pi(1-\nu)}e^{-p_1 t}\left(\frac{2}{\pi} - \cos\frac{\pi y}{2c}\right) \tag{5.29}$$

さらに式(5.29)より，熱応力は時間とともに減衰してゼロに近づく過渡的なものであることもわかる．

5.3.2　流体温度ステップ変化に対する平板の熱応力応答

流体温度のステップ変化に対する平板の熱応力応答は，図 5.1 の(f)のタイプの熱応力の過渡応答特性を簡易に評価するためのものである．図 5.6 に示す流体温度 T_f のステップ変化 T_0 に対する板厚 L の平板の熱応力応答は，1 次元非定常熱伝導方程式と熱弾性方程式に基づき解を導出することができるが，これらの解は無次元級数の和として表現されることから，設計に適用するにはその都度計算が必要となる．このため，実用上の利便性のために解を線図の形でまとめる努力がなされてきている．たとえば，流体のステップ温度変化に対する構造の温度を，**Fourier 数** $t^* = D(t/L^2)$（無次元時間，D は構造材の熱拡散率，t は時間）と無次元熱伝達率 **Biot**（ビオ）**数** $Bi = hL/\kappa$（h は熱伝達係数，κ は構造材の熱伝導

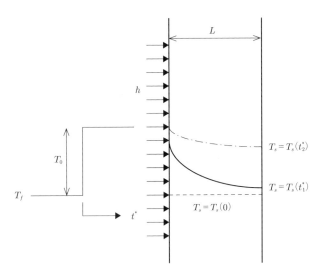

図 **5.6**　流体温度ステップ変化を受ける平板の温度応答

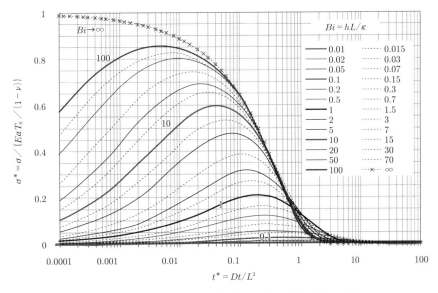

図 **5.7**　流体温度ステップ変化を受ける平板表面の熱応力応答

表 **5.1**　弾性問題と熱伝導問題のアナロジー(1 次元問題の場合)

弾性問題	変位 U	荷重 F	ひずみ ε	応力 σ	Hooke の法則　$\sigma=E\varepsilon$
熱伝導問題	温度 T	発熱量 Q	温度勾配 $\dfrac{\partial T}{\partial x}$	熱流束 q	Fourier の法則　$q=-\kappa\dfrac{\partial T}{\partial x}$

率)で表現した **Heistler**(ハイスラー)線図がある.

　ここでは,Heistler 線図を拡張した流体温度のステップ変化に対する平板の熱応力 σ の応答線図を示す.流体温度ステップ変化による熱伝達表面の無次元熱応力 $\sigma^*=\sigma/\{E\alpha T_0/(1-\nu)\}$ は,図 5.7 に示すように Bi をパラメータとして,無次元時間の関数として記述することができる.同図の横軸はステップ変化後の無次元時間であり,一定時間後にピーク熱応力が発生し,その後ゼロに減衰する様子がわかる.また,無次元熱伝達率が大きいほど高応力が発生し,発生時間も早くなることがわかる.

5.3.3　弾性問題と熱伝導問題のアナロジーと数値解析

　熱過渡応力を解析するには,弾性問題と熱伝導問題の両者を理解する必要があることから,両者のアナロジーを知っておくと便利である.熱伝導問題は物性値の温度依存性を考慮しなければ線形問題であり,弾性問題との間には 1 次元問題の場合には表 5.1 のようなアナロジーが成立する.一般的な熱過渡応力を理論的に解くことは難しく,通常は有限要素法による熱伝導解析とその結果を入力とした熱弾性解析を実施する.

5.4　熱-流体-構造連成現象

　図 5.8 に模式的に示すような,流体と構造物が接する系において流体の温度が変動すると,それが熱伝達によって構造表面に伝わり,さらに熱伝導により構造内部に浸透することから,構造内の温度分布が変化する.構造体の構成部材の自由な熱膨張は一般に周囲から拘束されるため,温度分布の変動は繰り返し熱応力に変換される.熱-流体-構造連成現象は,繰り返し熱応力に起因する破損モードに応じて表5.2 のように分類できる.1 つは流体の温度変動が大きい場合に問題となるもので,この場合は,構造物の低サイクル熱(クリープ)疲労および熱ラ

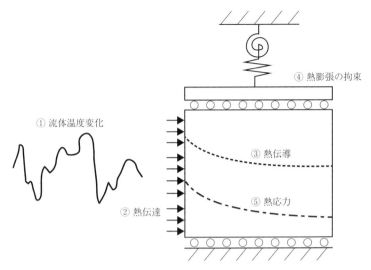

④ 熱膨張の拘束

① 流体温度変化

③ 熱伝導

② 熱伝達

⑤ 熱応力

図 **5.8**   熱-流体-構造連成現象の概念

表 **5.2**   熱-流体-構造連成問題の種類

破損モード	原因
低サイクル熱(クリープ)疲労 熱ラチェット変形	高温機器の起動・停止などの過渡運転による 主流の温度変化
高サイクル熱疲労	高低温配管合流部の不完全混合，温度成層界 面の変動などによる流体の局所的温度ゆらぎ

チェット変形[*4]を評価する必要がある．もう1つは，温度変動の繰り返し数が多い場合(10^6を超える程度)に必要となる問題で，高サイクル熱疲労に対する健全性評価である．こちらは局所的温度ゆらぎを予測する必要性から前者より評価が難しくなる．

　流体温度変動幅が大きくなる問題としては，原子力プラント，火力プラントおよびロケットエンジンなどの高温機器の過渡運転がある．たとえば原子炉容器やガスタービンのように運転中に高温流体に接する機器では，起動と停止に伴い大

[*4] ラチェット変形とは，繰り返し応力による変形が一方向に累積していく変形のこと．

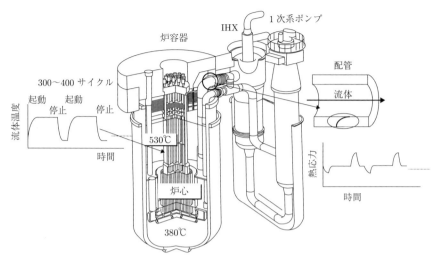

図 **5.9** 低サイクル熱疲労問題の例

きな温度変動が生じる．図 5.9 の原子力プラントの系統図を用いて例を示す．原
子炉の過渡運転により炉心出力が変動すると炉心を冷却する 1 次系の流体温度が
変化し，さらに熱交換器を介して 2 次系の温度が遅れて追従する．このため両方
の系に接する熱交換器の部材には温度勾配が生じ，自己拘束によって熱応力が発
生する．温度変化幅が大きいと，表面からき裂が発生する．ここで温度変化速度
が遅い場合には，流体温度は準静的に構造に伝わり熱応力は主として流体温度変
化幅で規定される．しかし，温度変化の早い場合は構造内温度勾配がその変化速
度や熱伝達特性に依存するため，熱応力の大きさもそれに応じて変化する．

　温度変動の繰り返し数が多い問題としては，高低温の流体の合流部における流
体の不完全混合，流速の遅い高低温流体の境界に浮力によって生じる温度成層界
面のゆらぎ，およびバルブからの温度の異なる流体のわずかな漏洩による周波数
の高い不規則温度変動が挙げられる．図 5.10 はフランスの高速炉[*5] の配管合流
部において，高サイクル熱疲労が原因で溶接部にき裂が発生した例である．この
例では，合流部近傍の局所的な流体ゆらぎと配管内表面への熱伝達特性が疲労破

---

*5　高速炉とは，ナトリウム冷却型で高速中性子を用いて核反応を起こす原子炉のこと．

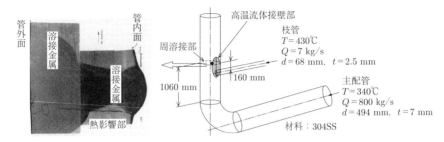

図 5.10 高サイクル熱疲労問題の例

上坂充, 鬼沢邦雄, 笠原直人, 鈴木一彦, 李銀生：『原子力教科書　原子炉構造工学（第 2 版）』(オーム社, 2021), 図 6.6 を参考に作成.

損に影響している．この破損モードの素過程は以下のように理解されている．高温と低温の流体が混合すると(1)主流中に温度ゆらぎが生じ，(2)境界層内での流体温度ゆらぎ，熱伝達を経て，(3)構造表面での温度ゆらぎとなる．この後，熱伝導によって(4)構造内の温度が変動し熱膨張変形が拘束されて熱応力となる．それが多数回繰り返されると応力振幅の大きさにより(5)構造表面での高サイクル疲労き裂が生じ，さらに熱荷重印加が繰り返されると(6)高サイクル疲労き裂が進展する可能性がある．これらの現象を連成機構の観点から捉えると，流体温度は構造に強い影響を及ぼすものの，構造から熱流体へのフィードバックは小さいことから，通常は一方向連成問題[*6]と捉えることができる．ただし，流速が遅く流体温度が構造の影響を受ける場合や，一部の高サイクル熱疲労問題のように熱応力が熱伝達特性に敏感な場合には，双方向弱連成問題[*7]の取扱いが必要になってくる．その他の熱–流体–構造連成問題としては，電子機器などの微細構造において，大変形が伝熱経路に影響する問題なども存在する．

[*6]　一方向連成問題とは，連成問題のうち，一方向にしか影響が及ばない現象のこと．

[*7]　双方向弱連成問題とは，連成問題のうち，双方向に影響を及ぼすものの，その影響が軽微な現象のこと．

6 境界非線形(接触)

ボルトによる2つの構造部材の締結や，エンジンと内部のピストンリング，鉄道の車輪とレール，自動車のタイヤと道路などのように2つの物体を互いに押しつけると，両者が接触する面(接触面)で互いに荷重(接触力)を伝達し合う．その結果，両者の接触部位は少なからず変形し，そこには応力が生じる．このような現象を**接触現象**とよび，接触部位に発生する応力を**接触応力**という．接触面の大きさや位置，接触応力の大きさや分布は，接触面の形状や押しつけられる力によって変化するため，接触現象は境界の非線形現象でもある．接触応力が極めて大きくなると接触部位は局部的に降伏することもあるが，本章では，弾性的な変形のみを考える．このような現象を**弾性接触**とよぶ．接触応力は2つの物体の接触面の状態を考慮して定められるが，その解析は一般に複雑であり，有限要素法などの数値解析法が用いられる．しかし，一方の物体が他の物体に比して十分に硬く剛体とみなせる場合には，剛体パンチと弾性体の接触問題として扱うことができ，接触応力が求められている．本章では，はじめに近似式が得られている**Heltz**(ヘルツ)**の弾性接触論**について結果を中心に説明し，その後に，一般的な接触現象の要点を説明する．

6.1 Heltz の弾性接触論

2つの物体がともに弾性変形する場合に生じる接触応力の理論解はほとんど得られていないが，いくつかの限定された条件のもとで，**Heltz の公式**として知られる近似式が用いられる．この公式は半無限体が分布荷重を受ける場合の結果を利用して導かれたものであり，球面と球面，円柱面と円柱面，さらには任意の曲面と曲面の弾性接触に関する実用的な結果が与えられている．この公式は接触面に摩擦がなく，接触面の圧力分布をあらかじめ仮定して求められている．

6.1.1 球面と球面の Heltz の公式

図6.1(a)に示すように2つの弾性球の半径を R_1, R_2, Young(ヤング)率を

E_1, E_2, Poisson(ポアソン)比を ν_1, ν_2 とする.押しつけ力 P により 2 つの球は
O 点(原点)で接触し,弾性変形によって接触面は半径 a の微小な円形領域とな
る.接触面に作用する接触圧力 $p(r)$ は半球状に分布すると仮定して

$$p(r) = p_{\max}\sqrt{1-\left(\frac{r}{a}\right)^2} \tag{6.1a}$$

$$P = \int_0^a 2\pi r p(r)\,\mathrm{d}r = \frac{2\pi a^2}{3}p_{\max} \tag{6.1b}$$

とおく.ここで,$p_{\max}$ は接触面中央(O 点)で生じる最大の接触圧力である.接触
面の半径 a が球の半径 R_1, R_2 と比較して十分に小さければ,図 6.1(b)のよう
に,いずれの球についても接触近傍の状態は半無限体表面に圧力 $p(r)$ が作用す
る場合の応力状態で近似することができる.

図 6.1(a)の C_1,C_2 点の $p(r)$ による変位 δ_1,δ_2 と r 軸から C_1,C_2 までの距離
z_1,z_2 から,接触による C_1,C_2 点の 2 つの球の接近量 $h(r)$ は

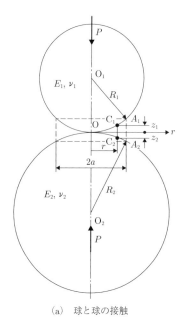

(a) 球と球の接触   (b) 半球状分布圧力を受ける半無限体

図 **6.1** 球と球の弾性接触

$$h(r)=(z_1+\delta_1)+(z_2+\delta_2)=\frac{r^2}{2}\left(\frac{1}{R_1}+\frac{1}{R_2}\right)+\frac{3}{4}\frac{P}{a^3}\left(a^2-\frac{1}{2}r^2\right)\left(\frac{1-\nu_1^2}{E_1}+\frac{1-\nu_2^2}{E_2}\right)$$

$$(6.2)$$

となる. 接触面は平面になると仮定して $h(r)=\delta(=$ 一定), とおくと

$$a=\left\{\frac{3}{4}\frac{1}{\left(\frac{1}{R_1}+\frac{1}{R_2}\right)}\left(\frac{1-\nu_1^2}{E_1}+\frac{1-\nu_2^2}{E_2}\right)P\right\}^{1/3} \tag{6.3a}$$

$$\delta=\left\{\frac{9}{16}\left(\frac{1}{R_1}+\frac{1}{R_2}\right)\left(\frac{1-\nu_1^2}{E_1}+\frac{1-\nu_2^2}{E_2}\right)^2P^2\right\}^{1/3} \tag{6.3b}$$

$$P=\frac{4\delta^{3/2}}{3}\left\{\left(\frac{1}{R_1}+\frac{1}{R_2}\right)\left(\frac{1-\nu_1^2}{E_1}+\frac{1-\nu_2^2}{E_2}\right)^2\right\}^{-1/2} \tag{6.3c}$$

$$p_{\max}=\frac{3}{2}\cdot\frac{P}{\pi a^2}=\frac{3}{2\pi}P^{1/3}\left\{\frac{3}{4}\frac{1}{\left(\frac{1}{R_1}+\frac{1}{R_2}\right)}\left(\frac{1-\nu_1^2}{E_1}+\frac{1-\nu_2^2}{E_2}\right)\right\}^{-2/3} \tag{6.3d}$$

となる. ここで, δ は 2 つの球の接近量を表す. 式(6.3)が球と球の弾性接触に関する Heltz の公式であり, 最大接触圧力 $p_{\max}$ は $P^{1/3}$ に比例する.

　このとき, 最大引張応力は接触面の半径方向に生じ次式のようになる.

$$(\sigma_r)_{\max}=(\sigma_r)_{z=0,\,r=a}=\frac{1-2\nu}{3}p_{\max} \tag{6.4}$$

z 軸上の主せん断応力 τ は z 軸と $45°$ をなす円錐面に生じ

$$\tau=p_{\max}\left\{-\frac{1+\nu}{2}\left(1-\frac{z}{a}\tan^{-1}\frac{a}{z}\right)+\frac{3}{4}\frac{a^2}{a^2+z^2}\right\} \tag{6.5}$$

となる. このことから Poisson 比が $\nu=0.3$ ならば, 最大せん断応力は $z=0.47a$ の B 点に生じ, $\tau_{\max}=0.31p_{\max}$ となる. また, 式(6.3)を活用してパラメータを適切に置き換えることにより, 下記のような特別な場合の解を求めることもできる.

　(1) 2 つの球の材質が同じ場合, $E_1=E_2=E$, $\nu_1=\nu_2=\nu$

　(2) 半無限弾性体を球で圧縮する場合, $R_1=R_0$, $R_2\to\infty$

　(3) 剛体球で半無限弾性体を圧縮する場合, $R_1=R_0$, $R_2\to\infty$, $E_1\to\infty$,

$E_2=E$, $\nu_2=\nu$

(4) 半径 R_1 の球を半径 R_2 の凹球面に圧縮する場合，$R_2 \rightarrow -R_2$

6.1.2 円柱と円柱の Heltz の公式

図 6.2(a)のように軸線が平行な半径 r_1 と r_2 の2つの円柱を単位長さあたり P' の押しつけ力で互いに押しつける場合を考える．この際，接触面は幅 $2b$ の帯状領域となる．接触圧力 $p(x)$ は半円上に分布すると仮定して

$$p(x)=p_{\max}\sqrt{1-\left(\frac{x}{b}\right)^2} \tag{6.6a}$$

$$P'=\int_{-b}^{b} p(x)\,\mathrm{d}x=\frac{\pi b p_{\max}}{2} \tag{6.6b}$$

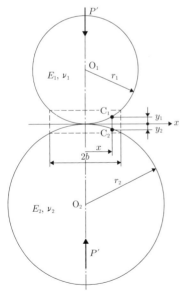

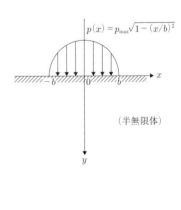

(a) 円柱と円柱の接触 (b) 半円柱状分布圧力を受ける半無限体

図 **6.2** 円柱と円柱の弾性接触

とおく.

　接触域の幅 $2b$ が半径 r_1, r_2 と比較して十分に小さければ，各円柱の接触面近傍の状態は図 6.2(b) のような半無限体表面の幅 $2b$ の帯状領域に分布圧力 $p(x)$ が作用する場合の応力状態で近似することができ，平面ひずみ状態になる．これらと x 軸から点 C_1, C_2 までの距離 y_1, y_2 を用いて接触による C_1, C_2 点間の接近量 $h(x)$ は

$$h(x)=(y_1+\delta_1)+(y_2+\delta_2)=\frac{x^2}{2}\left(\frac{1}{r_1}+\frac{1}{r_2}\right)+(\varepsilon_1+\varepsilon_2)+\frac{2P'}{\pi b^2}\left(\frac{1-\nu_1^2}{E_1}+\frac{1-\nu_2^2}{E_2}\right)x^2$$
(6.7)

となる．ここで ε_1, ε_2 はそれぞれの円柱の原点(O 点)における変位である．接触面は平面になることを仮定すると，位置 x に無関係に $h(x)=\delta(=$ 一定$)$ でなければならず，$dh(x)/dx=0$ であるから

$$b=\left\{\frac{4P'}{\pi}\frac{1}{\left(\frac{1}{r_1}+\frac{1}{r_2}\right)}\left(\frac{1-\nu_1^2}{E_1}+\frac{1-\nu_2^2}{E_2}\right)\right\}^{1/2}$$
(6.8a)

$$p_{max}=\frac{2P'}{\pi b}=\left\{\frac{P'}{\pi}\left(\frac{1}{r_1}+\frac{1}{r_2}\right)\frac{1}{\left(\frac{1-\nu_1^2}{E_1}+\frac{1-\nu_2^2}{E_2}\right)}\right\}^{1/2}$$
(6.8b)

となる．式(6.8) が円柱と円柱の弾性接触に関する Heltz の公式である．この結果から，最大接触圧力 p_{max} は $P^{\frac{1}{2}}$ に比例する．しかし，平面ひずみ状態では原点 0 の変位 ε_1, ε_2 は定まらないため，2 つの円柱の接近量 δ は押しつけ力 P' を用いて表示できない．

　平面ひずみ状態では半無限板表面上の応力は

$$(\sigma_x)_{y=0}=(\sigma_y)_{y=0}=-p_{max}\sqrt{1-\left(\frac{x}{a}\right)^2}H(a-x), \quad (\tau_{xy})_{y=0}=0$$
(6.9)

で圧縮応力のみを生じ，自由表面の応力は 0 となる．

　対称軸上の主せん断応力 τ は y 軸と 45° をなす面に生じ

$$\tau=\frac{ay}{\sqrt{a^2+y^2}(y+\sqrt{a^2+y^2})}p_{max}$$
(6.10)

である.最大せん断応力は $y=0.786a$ に生じ,$(\tau)_{max}=0.301p_{max}$ になる.また,式(6.8)を活用してパラメータを適切に置き換えることにより,下記のような特別な場合の解を求めることができる.

(1) 2つの円柱の材質が等しい場合,$E_1=E_2=E$, $\nu_1=\nu_2=\nu$

(2) 平面上を半径 r_0 の円柱で圧縮する場合,$r_1=r_0$, $r_2\to\infty$

(3) 剛体円柱で半無限弾性体を圧縮する場合,$r_1=r_0$, $r_2\to\infty$, $E_1\to\infty$, $E_2=E$, $\nu_2=\nu$

(4) 半径 r_1 の円柱を半径 r_2 の円孔面に圧縮する場合,$r_2\to-r_1$

6.2 固着と分離,すべりと摩擦

荷重が付加される前の固体同士の接触には,接触の状況に応じて点接触と線接触,面接触の3種類がある.**点接触**には,6.1.1項で述べた球同士の接触や球と平面の接触などが対応する.**線接触**は6.1.2項で述べた軸線が平行な円柱同士の接触などが対応する.**面接触**は,平面同士あるいは同じ曲率の局面が接触する場合に対応する.なお,点接触や線接触であっても,荷重がかかると接触部位が少なからず弾性変形するために,微小な接触面が形成される.これが弾性接触である.

Heltz の弾性接触論では接触面に摩擦が生じないと仮定したが,現実に物体と物体が接触すると接触面に摩擦が生じる.その場合,接触面の一部には,固着状態の部分とすべり状態の部分が混在する.このような接触状態は **Coulomb**(クーロン)**の摩擦の法則**に従うとモデル化される.すなわち,Coulomb の静摩擦係数を μ とするとき,固着領域では位置 r における接触面に垂直方向の接触力を $q(r)$,接触面に沿う方向の接触力を $p(r)$ とすると,絶対値 $|q(r)|$ が $|\mu p(r)|$ より小さいと滑らず,その位置でのすべり量は $u(r)=0$ となる.一方,すべり領域では,$|q(r)|=|\mu p(r)|$ となり,この関係を保ちつつすべり,$u(r)\neq0$ となる.

図6.3に示すように,2つの物体を Ω_1, Ω_2 とし,それぞれの表面を Γ_1 と Γ_2 とする.$\boldsymbol{x}_1\in\Gamma_1$ と $\boldsymbol{x}_2\in\Gamma_2$ をそれぞれの物体の接触表面にある点の位置ベクトル,$\boldsymbol{n}_1$ を点 $\boldsymbol{x}_1$ における外向き単位法線ベクトルとするとき,次式

$$g(\boldsymbol{x}_1)\equiv(\boldsymbol{x}_2-\boldsymbol{x}_1)\cdot\boldsymbol{n}_1 \tag{6.11}$$

で定義される関数を $\boldsymbol{x}_1\in\Gamma_1$ における**ギャップ関数**とよぶ.$g<0$ は物体間の距離

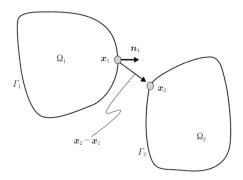

図 **6.3**　2つの物体の接触直前の位置関係

が負，すなわち一方の物体がもう1つの物体に貫通している状態を示す．$g \geq 0$ は2つの物体が離れている，あるいは接触している状態を示す．2つの物体が離れているとき$(g>0)$は，物体表面の垂直応力は$0(\sigma=0)$であり，接触しているとき$(g=0)$は接触面付近には圧縮応力$(\sigma<0)$が作用する．すなわち，

　(a)　$g>0$のとき，$\sigma=0$

　(b)　$g=0$のとき，$\sigma<0$

であるため，2つの物体が離れているあるいは接触している状態$g \geq 0$では，$\sigma \cdot g=0$となる．

　Coulomb摩擦力の基本形は

$$\boldsymbol{t}_T = -\mu|\boldsymbol{N}|\frac{\boldsymbol{v}}{|\boldsymbol{v}|} \tag{6.12}$$

のように表現される．ここで，$\boldsymbol{t}_T$は動摩擦力ベクトル，$\mu(>0)$は動摩擦係数，$\boldsymbol{N}$は接触面からの抗力ベクトル，$\boldsymbol{v}$は接触面上での(相対的)移動速度ベクトルである．上式は

　・移動速度に非依存

　・向きは移動方向と反対

　・抗力に比例

という性質を表現している．Coulomb摩擦力は，移動速度ゼロを境として不連続に変化する．

　はじめに述べたように接触問題を理論的に解くことは困難であり，有限要素法

などの数値解析に頼ることになる．特に，摩擦を含む接触問題は典型的な荷重経路依存型の問題となり，物体そのものが線形弾性体であっても精度よい解を求めるためには，接触過程の非線形性を考慮するために，できるだけ荷重増分を小さくすることが必要となる．一方，摩擦を含まなければ，接触という非線形現象があっても，荷重経路依存型問題ではない．

さらに，接触に伴うすべり量が大きな問題では，摩擦発熱が無視できない場合があり，そのような場合には，5.4節で述べたような発熱・熱伝導解析と応力解析の連成解析が必要となる．

7 材料強度論

　強度とは，材料が破損または破壊するために必要な応力であったり，材料に大きな残留ひずみを与えるために必要な応力のことをいう．より一般的にはさまざまな負荷に対する耐性のことである．たとえば，ガラスなどに引張応力を負荷したとき，負荷した応力がある一定値を超えると突然脆性的に破断する．一方，金属では徐々に負荷応力を上げると，応力がある一定値を超えると塑性変形を開始し，破断には至らないものの，外力を取り去っても元の形に戻らなくなる．どちらの限界応力も材料の強度ということになるが，それぞれの強度を決定づけるミクロな現象は異なる．構造体を構成する材料を，その要求特性に適合した性能をもつようにつくり出すうえでは，さまざまな材料強度を支配するメカニズムをミクロスコピックな視点から理解することが重要となる．ここでは材料の強度に対するさまざまな現象のうち，破壊に関わる材料強度のミクロスコピックな視点からその基本をはじめに説明し，その後，マクロスコピックな破壊力学について説明する．

7.1 理 想 強 度

　私たちの身の回りの材料の大部分は，無数のミクロスケールの結晶粒で構成される多結晶体である．一般にこのような多結晶体中には，空孔，転位，積層欠陥とよばれる結晶格子の欠陥(格子欠陥とよぶ)や，結晶粒界，析出物，空隙といった欠陥など，さまざまなスケールの欠陥を多数含有している．実は材料強度はこれらの欠陥が支配しているといっても過言ではない．

　そこで，ここではまず，これらの欠陥がまったく存在しない理想的な完全結晶では，どの程度の強度が実現されるのかを確認する．

7.1.1　理想へき開強度

　脆い材料では，外力に対してほとんど塑性変形することなく，ある特定の脆弱な原子面に沿って脆性的に破断することが多い．このような破壊をへき開とよ

び，このような破断により生じる破面を**へき開面**とよぶ．また，欠陥のない完全
結晶の理想的なへき開強度を**理想へき開強度**とよぶ．

　いま図 7.1 に示すように，面間隔 a の原子面に対し垂直に応力 σ が負荷され，
この原子面に沿ってへき開破壊する場合を考える．一般に応力 σ と面間隔 a の間
には図 7.2 に実線で示すような関係がある．ここでは簡単のため，へき開に対す
る抵抗力は破線で示すような正弦曲線で近似されると仮定する．この場合，応力
σ は適当な長さ λ を用いて

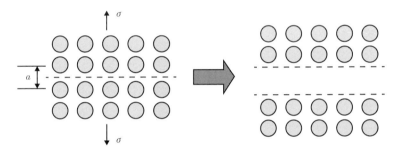

図 **7.1**　完全結晶のへき開

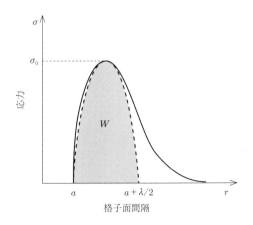

図 **7.2**　格子面間隔と抵抗力

$$\sigma = \sigma_0 \sin\left\{ \frac{2\pi(r-a)}{\lambda} \right\} \tag{7.1}$$

と表される. へき開を起こすために必要な単位面積あたりのエネルギー W は

$$W = \int_a^{a+\lambda/2} \sigma \, dr = \frac{\lambda}{\pi} \sigma_0 \tag{7.2}$$

で与えられ，これは2つのへき開面を形成するために必要な表面エネルギー γ_s と等価となる. つまり，

$$\frac{\lambda}{\pi} \sigma_0 = 2\gamma_s \tag{7.3}$$

となり，長さ λ は表面エネルギー γ_s と格子面間隔 a で一意に与えられることがわかる. 弾性変形下ではへき開面の垂直ひずみ $\varepsilon = (r-a)/a$ と応力 σ には次のHooke の法則が成立する.

$$\sigma = E\frac{r-a}{a} \tag{7.4}$$

ここで，E は Young 率である. 弾性変形中ではひずみが微小であることから，$\sin\{2\pi(r-a)/\lambda\} \cong 2\pi(r-a)/\lambda$ と近似でき，

$$\lambda = \frac{2\pi a}{E} \sigma_0 \tag{7.5}$$

を得る. 以上より，欠陥のない理想結晶のへき開強度は近似的に

$$\sigma_0 = \sqrt{\frac{E\gamma_s}{a}} \tag{7.6}$$

となることがわかる.

　たとえば，純鉄の場合，表面エネルギー γ_s は $2\,\mathrm{J/m^2}$ 程度，Young 率 E は $200\,\mathrm{GPa}$ 程度，原子面間隔 a は $2.5\,\mathrm{\mathring{A}}$ 程度であることから，理想へき開強度は $\sigma_0 = 40\,\mathrm{GPa}$ 程度となる. 一方，実際の破断強度は超高強度鋼でも数 GPa であり，理想へき開強度よりもはるかに低い応力で破断することがわかる.

7.1.2 理想せん断強度

多結晶体を塑性変形させると図 7.3 に示すような線が結晶の表面に無数に現れる．この線の方向から，結晶は特定の格子面に沿って特定の結晶学的な方向にせん断変形することがわかる．このような変形を**すべり変形**とよび，せん断変形が生じている格子面を**すべり面**，せん断変形の方向を**すべり方向**とよぶ．また，このすべり面とすべり方向の組を**すべり系**，表面に現れる線を**すべり線**とよぶ．理想的な完全結晶においてこのようなすべり変形を引き起こすために必要なせん断応力を**理想せん断強度**とよび，理想へき開強度と同様の議論により求めることができる．

いま図 7.4 に示すように，格子面間隔 a，格子面上の原子間隔 b のすべり面に対し，せん断応力 τ を負荷することで，完全結晶をせん断変形させることを考える．すべり面をはさんで隣接する原子の相対的な変位を x とすると，せん断変形に対する抵抗力 τ は原子間隔 b と同じ周期で変動し，図 7.5 に示すような周期関数となると考えられる．そこで，抵抗力 τ を正弦関数で近似し，

$$\tau = \tau_0 \sin\left(\frac{2\pi x}{b}\right) \tag{7.7}$$

で与えられるとする．一方で，すべり面における工学せん断ひずみは $\gamma = x/a$ と

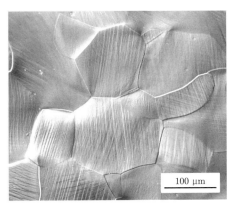

図 **7.3** 純鉄表面に現れたすべり線

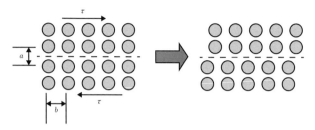

図 **7.4** 完全結晶のすべり変形

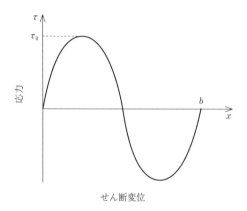

図 **7.5** すべり変形と抵抗力

なることから，弾性変形下では

$$\tau = \frac{Gx}{a} \tag{7.8}$$

となる．ここで，G は横弾性係数である．以上より，欠陥のない理想結晶のせん断強度は近似的に

$$\tau_0 \cong \frac{G}{2\pi} \frac{b}{a} \tag{7.9}$$

となる．つまり，一般に a と b はほぼ同じであることから，理想せん断強度 τ_0

はおおよそ $G/10$ 程度となる.

　理想へき開強度と同様,純鉄では横弾性係数 G は $100\,\mathrm{GPa}$ 程度であることから,理想せん断強度は $\tau_0=10\,\mathrm{GPa}$ 程度となる.しかし,純鉄では実際の臨界せん断応力は $15\,\mathrm{MPa}$ 程度に過ぎない.

　以上のように,材料の強度は欠陥がまったく存在しない完全結晶の理想的な強度よりもはるかに小さな応力で破断し変形する.このように実際の材料の強度が理想強度よりも著しく低くなることには,前述のように実際の材料中にはさまざまな欠陥が存在することが原因となっている.以下では,欠陥がどのように材料の強度に影響を及ぼすかを,き裂と転位を対象に要点を述べる.

7.2　き裂と応力集中

　欠陥の寸法が数マイクロからミリメートルのオーダーの場合を考える.たとえば,図 7.6 に示すような無限に広がる等方弾性体の中央に半径 a で長さが無限の円形の空洞が空いており,この材料に無限遠から上下方向に一軸の引張応力 σ_0 を負荷する問題を考える.この場合の応力場には理論解が存在し,たとえば $y=0$ 上での応力成分 σ_{yy} は

$$\sigma_{yy}=\frac{\sigma_0}{2}\left(2+\frac{a^2}{x^2}+3\frac{a^4}{x^4}\right) \tag{7.10}$$

となる.つまり,円孔の表面で σ_{yy} は最大となり,$\sigma_{yy}=3\sigma_0$ となる.引張応力下

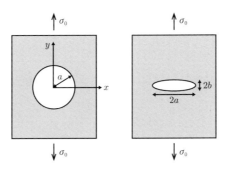

図 **7.6**　無限に広がる弾性体中に存在する円孔およびだ円孔

に円形の欠陥が存在する材料をおく場合，欠陥部では負荷した応力の3倍の応力が発生することがわかる．欠陥部での応力の最大値をσ_{max}とすると，任意の形状の欠陥に対し，遠方から負荷した応力σ_0との比$\alpha=\sigma_{max}/\sigma_0$を定義でき，この比例係数を応力集中係数[*1]とよぶ．

応力集中係数は，空洞が扁平になり，だ円形になるとさらに大きくなり，特に長軸方向に垂直に応力を負荷した場合にもっとも大きな引張応力が発生し，そのときの応力集中係数αはだ円孔の長径と短径をそれぞれaおよびbとすると，$\alpha=1+(2a/b)$となる．つまり，だ円孔がき裂状になり$a \gg b$となると，応力集中係数は極端に大きくなり，無限大に発散する．つまり，どんなに強度の高い材料であっても，材料中にき裂が存在すれば，小さな外力を負荷することで簡単にへき開または塑性変形を材料中に生じさせることが可能なのである．

では，き裂が存在する場合の材料の強度はどのように予測できるのか．一般にはGriffith（グリフィス）により提案された評価方法で推定できる．Griffithは材料中に存在するき裂が成長するには，成長端で新たにへき開面を形成する必要があり，このへき開面の形成に必要となるエネルギー（表面エネルギー）はき裂が成長することで解放される力学的エネルギーが担うとし，き裂が進展するための臨界負荷応力を推定する方法を提案している．たとえば，図7.7に示すように無限板中に幅$2c$のき裂が存在し，き裂に垂直な方向に引張応力σ_0が負荷する問題を考える．この場合，き裂が存在する場合の力学的エネルギーは，き裂が存在しない場合より単位厚さあたり

$$W_{el} = \frac{\pi c^2}{E}\sigma_0^2 \tag{7.11}$$

だけ減少する．一方で，き裂が存在する場合はき裂がない場合より表面エネルギーは単位厚さあたり$W_s = 4c\gamma_s$だけ大きくなる．つまり，幅$2c$のき裂が微小長さdcだけ進展すると，力学的エネルギーは単位厚さあたり

$$\frac{dW_{el}}{dc} = \frac{2\pi c}{E}\sigma_0^2 \tag{7.12}$$

だけ減少し，表面エネルギーは単位厚さあたり

---

*1 工学教程『材料力学II』の第9章を参照のこと．

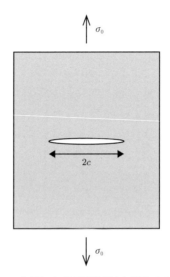

図 **7.7** 無限に広がる弾性板中に存在するき裂

$$\frac{\mathrm{d}W_s}{\mathrm{d}c}=4\gamma_s \tag{7.13}$$

だけ増加する．き裂が自然に進展するためには，き裂進展後の系の自由エネル
ギーはき裂進展前より減少する必要がある．つまり，$\mathrm{d}W_{el}/\mathrm{d}c>\mathrm{d}W_s/\mathrm{d}c$ である
必要がある．このことより，き裂進展の臨界条件は

$$\frac{2\pi c}{E}\sigma_0^2-4\gamma_s=0 \tag{7.14}$$

で与えられ，臨界の負荷応力 σ_c は

$$\sigma_c=\sqrt{\frac{2E\gamma_s}{\pi c}} \tag{7.15}$$

となる．

　このように，き裂進展条件は力学的エネルギーと表面エネルギーのバランスか
ら求まり，このき裂進展条件は **Griffith の条件**とよばれている．

7.3 転位と塑性変形

　結晶の塑性変形には**転位**とよばれる格子欠陥が重要な役割を担う．転位とは図7.8に模式的に示すように，結晶格子中の特定の領域の格子面が1原子配列分せん断変形することにより生じる欠陥である．せん断変形が生じた格子面上では，原子配列はほとんどすべての領域で完全結晶と同等であるが，せん断変形した格子面の端部だけしわのように他とは異なる原子配列をもつ．このしわの中心を通る部分は結晶中では線状の欠陥になっており，この部分を転位とよぶ．つまり，転位は格子中の線欠陥ということになる．せん断変形が生じた格子面上におけるせん断変形の方向は一定であり，これを**Burgers**(バーガース)**ベクトル b** とよぶ．

　転位の形状は大きく分類して2通りある．1つは図7.9に示すように転位線に沿って転位の上部にのみ1格子面を挿入したような原子配列をもつものであり，このような転位を**刃状転位**とよぶ．もう1つは図7.10に示すように転位線に沿った格子面でBurgersベクトルの方向にせん断変形したような原子配列をしている．このような転位を**らせん転位**とよぶ．このような転位が結晶内を動く過程を図7.11に示す．図中(a)の状態から(d)の状態に直接移動するために必要な応力が理想せん断強度である．同図からわかるように(a)から(d)に直接移動するには，せん断が発生する原子面上のすべての結合を一度に切断する必要がある．一方で，(a)から(b)の状態に至る過程では，転位に沿った原子の結合のみを切断するだけで十分である．つまり，すべての結合を切断するよりはるかに小さな外力で移行できることがわかる．実際の材料では，転位がこのような過程を繰り返すことで(a)の状態から(b)の状態，さらには(c)の状態を経て，最終的に

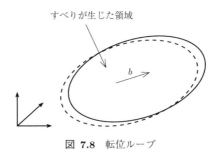

すべりが生じた領域

b

図 **7.8** 転位ループ

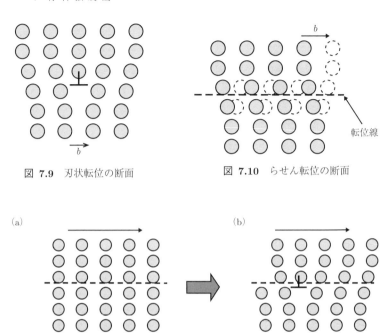

図 7.9 刃状転位の断面   図 7.10 らせん転位の断面

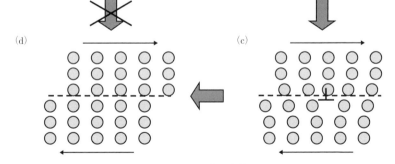

図 7.11 転位の移動

は(d)の状態まで移動し，結果的には(a)の状態から(d)の状態に直接移動したと
きと同等のすべり変形を引き起こし，マクロスコピックなせん断変形を引き起こ
しているのである．

7.4 線形破壊力学の復習とその適用限界

　工学教程『材料力学II』の10.2.1項において，構造物中に存在するき裂やき裂状欠陥を起点とする弾性体の破壊について，マクロスコピックな観点から**線形破壊力学**に基づく説明を行った．その要点を復習しよう．まず，き裂先端近傍の応力分布は次式のように表すことができる．

$$\sigma_{ij} = \frac{k}{\sqrt{r}} f_{ij}(\theta) + \sum_{m=0}^{\infty} \left(A_m r^{m/2} g_{ij}(\theta) \right) \tag{7.16}$$

ここで，図7.12に示すように，(r, θ) はき裂先端を原点とし，き裂前方を $\theta = 0$ とする極座標である．き裂先端近傍の応力分布は $1/\sqrt{r}$ の特性を有し，$r \to 0$ の極限において，右辺第1項が支配的となる．一般に弾性体の応力場は物体の形状や負荷形式などの状態によって決まるが，き裂の先端近傍に限れば第1項の特異項のみを考慮すればよい．き裂が受ける変形モードのうち，図7.13に示す開口型のモードIを例として説明を続ける．

　モードIにおける特異応力場は次式で表される．

$$\sigma_{xx} = \frac{K_\mathrm{I}}{\sqrt{2\pi r}} \cos \frac{\theta}{2} \left(1 - \sin \frac{\theta}{2} \sin \frac{3\theta}{2} \right)$$

$$\sigma_{yy} = \frac{K_\mathrm{I}}{\sqrt{2\pi r}} \cos \frac{\theta}{2} \left(1 + \sin \frac{\theta}{2} \sin \frac{3\theta}{2} \right) \tag{7.17}$$

$$\sigma_{xy} = \frac{K_\mathrm{I}}{\sqrt{2\pi r}} \cos \frac{\theta}{2} \sin \frac{\theta}{2} \cos \frac{3\theta}{2}$$

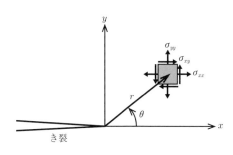

図 **7.12**　き裂先端近傍の座標系

図 **7.13**　き裂が受けるモードI
（開口型）の変形

また，き裂先端近傍の変位(特異応力場に対応する成分)は次式のように表される.

$$
\begin{aligned}
u_x &= \frac{(1+\nu)K_1}{E}\sqrt{\frac{r}{2\pi}}\ \cos\frac{\theta}{2}\Big(\kappa-1+2\sin^2\frac{\theta}{2}\Big) \\
u_y &= \frac{(1+\nu)K_1}{E}\sqrt{\frac{r}{2\pi}}\ \sin\frac{\theta}{2}\Big(\kappa+1-2\cos^2\frac{\theta}{2}\Big)
\end{aligned}
\tag{7.18}
$$

ここで，ν は Poisson 比であり，$\kappa=(3-\nu)/(1+\nu)$(平面応力)，$\kappa=3-4\nu$(平面ひずみ)である.

K_1 は応力拡大係数とよばれるパラメータであり，特異応力場の強さを表す.図 7.14 に示すような一様引張応力 σ を受ける半無限板中の長さ a のき裂においては，応力拡大係数 K_1 は次のようになる.

$$
K_1=1.12\sigma\sqrt{\pi a}
\tag{7.19}
$$

7.2 節で述べたように，き裂が進展すると新たな表面が形成されるために，き裂進展にはエネルギーが必要である.き裂を有する弾性体はき裂進展に見合うエネルギーを供給する必要があり，き裂を単位面積進展させるエネルギーを**エネルギー解放率**という.線形弾性体におけるエネルギー解放率は次式で表される.

$$
G=\frac{K_1^2}{E'}
\tag{7.20}
$$

ここで，$E'=E$(平面応力)，$E'=E/(1-\nu^2)$(平面ひずみ)である.

式(7.17)から明らかなように，応力拡大係数が決まればき裂先端近傍の特異応力場はすべて記述できる.一方，実際の材料(特に金属材料)では材料の降伏現象が起きるので，き裂先端には塑性域が形成されて応力が特異性を有することはない.ただし，この塑性域がき裂長さに比べて十分に小さければ，塑性域を取り囲む弾性域には近似的に式(7.17)で表される応力場が形成されるものと考えることができる.この場合，塑性域内の応力やひずみの分布は未知であるものの，それらは材料の応力-ひずみ曲線が一定であれば応力拡大係数によって一意的に定まるものと考えることができる.このような状態を**小規模降伏**という.脆性破壊をはじめとする破壊がき裂先端塑性域内で発生する場合，その破壊条件を応力拡大係数 K によって記述できるのはそのためである.このように，き裂先端近傍を

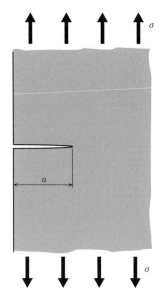

図 **7.14** 一様引張応力を受ける半無限板中のき裂

除いてほぼ線形弾性状態を仮定でき，き裂を起点として生じる破壊挙動を応力拡大係数などのマクロスコピックな力学パラメータを用いて論じる学問分野が線形破壊力学である．応力拡大係数 K やエネルギー解放率 G は**破壊力学パラメータ**とよばれ，脆性破壊に対する材料の抵抗を**靭性**，あるいは**破壊靭性**とよぶ．

しかしながら，靭性が大きく，負荷荷重が大きくなってもき裂からのマクロスコピックな破壊が進行せず，き裂先端塑性域が拡大して小規模降伏条件を満たすことができなくなり，大規模降伏状態あるいは全面降伏状態になると，線形破壊力学が適用できなくなる．

また，「ひずみ支配型」の破壊であり，ミクロボイド合体によって起きる延性破壊は，切欠き底やき裂先端のひずみが材料の限界ひずみ ε_f に達すると破壊が発生するものと考えることができるが，延性破壊の挙動の評価にも線形破壊力学を適用できない．

多くの金属材料は降伏応力以下であっても繰り返し応力を受けると破壊を生じることがあり，これは**疲労破壊**とよばれる．疲労き裂は応力の繰り返しによって進展する．疲労き裂の進展はき裂先端の繰り返し塑性変形によって生じるもので

あり，破壊力学パラメータによる取り扱いができる．繰り返し応力範囲に対応する応力拡大係数範囲を ΔK として，き裂進展速度(1回の繰り返しあたりのき裂進展長さ) $\mathrm{d}a/\mathrm{d}N$ を ΔK に対してプロットすると図 7.15 のような関係が得られる．この曲線を**疲労き裂進展曲線**という．疲労き裂が進展しない下限の ΔK が存在し，これを**下限界応力拡大係数範囲** ΔK_{th} という．$\mathrm{d}a/\mathrm{d}N$ と ΔK の関係を次式の **Paris**(パリス)**則**で表すことができる．

$$\frac{\mathrm{d}a}{\mathrm{d}N}=\begin{cases} C(\Delta K)^{m} & (\Delta K > \Delta K_{\mathrm{th}}) \\ 0 & (\Delta K \leq \Delta K_{\mathrm{th}}) \end{cases} \tag{7.21}$$

疲労は，破壊に至る繰り返し回数の大小や作用する応力の大きさによって**高サイクル疲労**と**低サイクル疲労**に分類される．高サイクル疲労は，**低応力疲労**ともいわれ，疲労限度近くの比較的低い応力の繰り返しで，破断繰り返し回数が 10^{5} ～ 10^{6} 以上の疲労が対象である．航空機や車両構造物などが代表例である．一方，低サイクル疲労は**高応力疲労**や**塑性疲労**ともいわれ，降伏強さに近い，またはそれ以上の高い応力の繰り返しで，破断繰り返し回数が 10^{4} 程度以下の疲労が対象

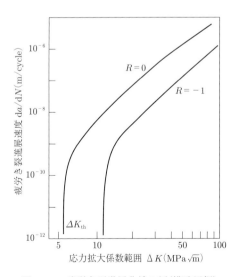

図 7.15 疲労き裂進展曲線の例(構造用鋼)

である．プラントの圧力容器などが代表例である．先に疲労き裂進展に関して応力拡大係数範囲 ΔK をパラメータとする Paris 則について説明したが，負荷応力が大きく大規模降伏状態における低サイクル疲労では ΔK に基づくき裂進展特性の整理は適切ではないことも多い．

7.5　非線形破壊力学の概要

　前節で述べたように，金属材料によってつくられる多くの機械や構造物では，き裂や切欠き状欠陥から破壊が発生する前に，き裂先端周りに大規模な非弾性変形が生じることも多く，その破壊現象を精度よく評価するためには，破壊に対する材料の非弾性変形の影響を適切に考慮できる手法を用いることが必要不可欠となる．また，初期には無欠陥状態でも稼働中に発生する非弾性変形が無視できないような機器もあり，そのような機器に発生したき裂の評価においても，非弾性変形の影響を考慮することが必要不可欠である．このような問題に小規模降伏状態を仮定する線形破壊力学を用いることは適当ではなく，次に述べるような**非線形破壊力学**の適用が推奨される．ただし，線形破壊力学と比べて非線形破壊力学にはさまざまな理論があり，必ずしも汎用的に適用できる手法が確立しているわけではない．本節では，もっともよく用いられている**非線形破壊力学パラメータ**である，Rice（ライス）によって提案された **J 積分**に基づく非線形破壊力学に関して要点を解説する．

　非線形破壊力学においては，き裂先端開口変位（crack-tip opening displacement, CTOD）などのパラメータも提案されているが，解析的，実験的評価の容易さなどの観点から，Rice によって提案された J 積分が広く用いられている．

　図 7.16 に示すような貫通き裂を有する 2 次元体が単調に増加する機械的荷重を受けるときの J 積分は次式の**経路積分**によって計算できる．

$$J \equiv \int_{\Gamma} (W n_1 - \sigma_{ij} n_j u_{i,1}) \, d\Gamma \tag{7.22}$$

ここで σ_{ij} は応力テンソル，u_i は変位ベクトル，W はひずみエネルギー密度である．図 7.16 に示すようにき裂進展方向と x_1 軸を一致させている．Γ はき裂先端を囲む積分経路であり，n_i は Γ 上の外向き単位法線ベクトルを表す．上式で定義される J 積分は解析的に評価することは困難である．しかし，有限要素法など

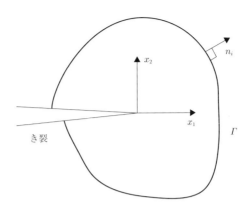

図 **7.16** 2次元き裂と積分経路の模式図

の数値解析によって積分経路 Γ 上の応力，ひずみ，変位の分布が求められれば，W の分布を求めた後に，式(7.22)に従って線積分を行えば J 積分を評価することができる．1.3 節で述べた非線形弾性体では J 積分はエネルギー解放率と一致するとともに，任意の積分経路に対して J 積分は同一の値をとるため，き裂先端部から離れた領域の諸量のみから J 積分値を評価することが可能となる．この場合，材料特性としては，延性き裂進展量 Δa と J 積分値との関係を表した**J 積分抵抗曲線**(R カーブ)が用いられる．これは次式のように表現される．

$$\Delta a = k(J - J_{\mathrm{Ic}})^m \tag{7.23}$$

ここで，k，m，J_{Ic} は実験的に決められる係数であり，J_{Ic} は図 7.17 に模式的に示すように，非弾性変形によって鈍化したき裂先端から延性き裂が発生する時点での J 積分値であり，**弾塑性破壊靭性値**ともよばれる．なお，現実の金属材料は非線形弾性体ではなく弾塑性材料であるので，延性き裂が進展すると，進展き裂の周りで少なからず弾性除荷が生じる．き裂進展量が比較的小さな場合には，弾性除荷の範囲が限定的であることから，総じて非線形弾性体的に振舞うので，J 積分を用いた評価が有効であるが，き裂進展量が大きくなってくると弾性除荷の影響が大きくなるため，式(7.22)で定義される J 積分を用いてき裂進展現象を評価することはできなくなるので注意を要する．

また，7.4 節で述べた疲労き裂進展の場合，高応力で繰り返し塑性変形の規模

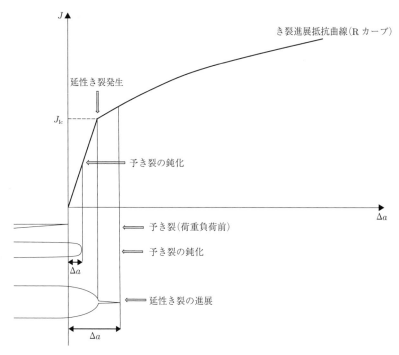

図 7.17　延性き裂進展抵抗曲線の模式図(予き裂端からの破壊の発生と進展)

が大きくなると，応力拡大係数範囲 ΔK に代わって，次式で定義される J 積分を
拡張したパラメータ(**疲労 J 積分範囲**)を用いて整理される．

$$\Delta J \equiv \int_{\Gamma} (\Delta W n_1 - \Delta \sigma_{ij} n_j \Delta u_{i,1}) \, \mathrm{d}\Gamma \tag{7.24}$$

ここで，Δ は変動範囲を表し，一般に最大荷重時点と最小荷重時点の差として評
価できるが，き裂面の閉口が生じる場合には，精度が下がる可能性があり，最小
荷重時点の代わりに，き裂開口点を用いるのがよい．

　1荷重サイクルあたりのき裂進展量 $\mathrm{d}a/\mathrm{d}N$ は，疲労 J 積分範囲 ΔJ の関数とし
て次式で記述されることが多い．

$$\frac{\mathrm{d}a}{\mathrm{d}N} = C(\Delta J)^m \tag{7.25}$$

ここで，C と m は定数であるが，Paris 則の場合と同様に，温度や負荷速度，使用環境などによって変化させる必要がある．

8 さまざまな構造用材料

　本工学教程・材料力学では，これまで金属材料を主として説明してきた．しかし，構造物や機械を構成する構造用材料にはさまざまなものがあり，それぞれに製造方法や特性が多様性に富んでいる．そこで，本章では，金属材料，セラミックス，高分子材料，複合材料，コンクリート，地盤材料について説明する．

8.1 金　属　材　料

　金属材料，セラミックス，高分子材料の特徴を議論するうえでは，原子分子の結合状態や結晶格子の違いを理解することが重要である．たとえば，高分子材料は共有結合や van der Waals（ファン・デル・ワールス）結合[*1]，セラミックスは共有結合やイオン結合，金属は金属結合からなっている．一般にイオン結合や共有結合，金属結合における結合エネルギーは大きく，van der Waals 結合は小さいため，金属やセラミックスの融点は高分子と比較しはるかに高い．また，一般の高校課程レベルの教科書では，金属結合には方向性がないことを理由に，金属は延性に富むといった間違った記述がある．しかし，実際には結合状態が金属結合となる結晶では，結晶構造は面心立方格子，体心立方格子，六方格子といった単純な格子であり，しかも他の結合より原子が密に充填している．このことは金属結合であることと「鶏と卵」の関係である．その結果，単位胞（ユニットセル）が極めて小さく，転位とよばれる線状の欠陥が結晶中を自由に移動するための障壁（Peierls（パイエルス）力）が極めて小さい．そのため，金属は室温で大きな延性を生み出すことができるのである．一例として表8.1に金属，セラミックス，高分子の代表的な物質とその格子定数や密度を示す．セラミックスは，金属ほど原子密度は高くない．その反面，室温での延性を生み出す転位を移動させるための障壁は大きく，室温では一般には塑性変形しない．また，高分子は，さらに原子の充填密度が小さい．一方で，結晶構造は鎖状の構造であるため，金属とは異な

[*1]　電気的に中性の分子，あるいは分子の中性部分同士の誘起双極子間の引力を van der Waals 力とよび，それによる結合を van der Waals 結合とよぶ．

表 **8.1** 金属，セラミックス，高分子の代表例と特性値

種類	代表例	格子定数(A)			原子数(個)	密度(g／cm³)
		a	b	C		
金属	a–Fe(bcc)	2.87	—	—	Fe：2	7.9
セミラミックス	MgO(NaCl 型)	4.20	—	—	Mg：4，O：4	3.65
高分子	ポリエチレン(斜方晶)	7.40	4.93	2.53	C：4，H：8	1.0

る機構により大きな変形を生み出すことができる．

　このように，材料は原子分子の結合状態により特性が大きく異なるが，本節では特に金属材料の基本的な力学特性に関して概説する．金属の特徴は前述のように延性であるが，それは転位によって引き起こされるものである．したがって，金属の力学特性を理解するうえでは 7.3 節で述べた転位の動きがどのように制御されているかを理解することが重要となる．以下では，代表的な構造材料である鉄鋼材料とアルミニウム合金を例にとり，その力学特性を説明する．

8.1.1　鉄　鋼　材　料

　鉄鋼材料の実用的な適用範囲は，他の金属材料に比べてはるかに広い．これは，鉄鋼材料が他の金属材料と比べ，強度や延性，コスト，さらにはリサイクル性の面で優れているためである．特に，強度−延性特性の選択肢の広さは他の金属材料の追随を許さない．図 8.1 に代表的な構造用金属材料の比強度(単位重量あたりの強度)と延性のバランスを示す．比強度という観点からはチタン合金やアルミニウム合金を代表とする軽金属は優れた材料であることがわかる．しかし，鉄鋼材料はこれら軽金属と同等の比強度を生み出す鋼種が存在するだけでなく，他の材料では実現できない延性を実現することもわかる．

　このような強度特性の多様性は，鉄鋼材料の微細組織の種類や形態の多様性に由来する．図 8.2 に典型的な鋼の光学顕微鏡写真を示す．これらは同じ組成の鋼を異なる条件下で熱処理を施したものである．いずれの材料も結晶格子は図 8.3 (a)に示すような体心立方格子であるが，個々の結晶粒の形態や合金元素，特に炭素の存在状態が大きく異なる．その結果，図 8.2 の右側の組織は左側の組織の倍以上の強度を示す．このような微細組織の多様性は，鋼が高温相の**オーステナ**

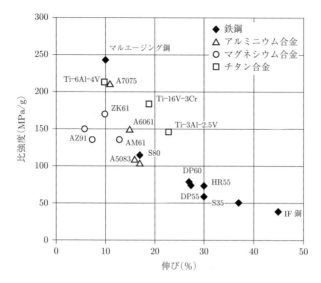

図 8.1 代表的な構造用金属材料の比強度−伸び特性

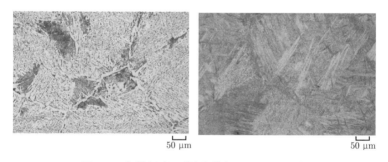

図 8.2 典型的な鋼の微細組織(Fe-0.15C-1.5Mn)

イトとよばれる図8.3(b)に示すような面心立方晶の相から，低温相のフェライト
とよばれる体心立方晶の相へ固相変態する過程で生じるさまざまな変態生成物の
体積率や形態を上手く制御することで実現されている．そこで，ここでは代表的
な変態生成物(初析フェライト，パーライト，ベイナイト，マルテンサイト，残
留オーステナイト)の力学特性に関して説明する．

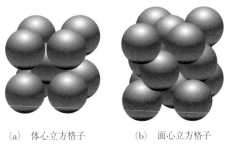

(a) 体心立方格子   (b) 面心立方格子

図 8.3   さまざまな結晶格子配置

Widmanstetten 組織

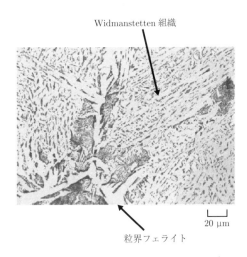

20 μm

粒界フェライト

図 8.4   低炭素鋼(Fe-0.15C-1.5Mn)中で観察された初析フェライト

a.   初析フェライト

　初析フェライトは鋼をゆっくりと冷却したときに，母相オーステナイトの結晶
粒界上から形成するフェライトである．図8.4に典型的な初析フェライトの光学
顕微鏡写真を示す．冷却速度が遅い場合は，粒界フェライトとよばれる粒界上に
沿って比較的丸い形状を示す．変態温度の低下や冷却速度の増加に伴い**Wid-
manstetten**(ウィッドマンステッテン)**組織**とよばれる板状で方向性をもった形
態となる．粒界フェライトは熱力学的平衡に近い組織であり，固溶炭素量も転位

密度も極めて低い．そのため，転位の活動を阻害する障壁が少なく，鋼組織中もっとも低強度であるが延性や靱性は高い組織となっている．一方で，Widmanstetten 組織は，母相オーステナイトと Kurdjumov-Sachs（クルジュモフ-ザックス）関係（K-S 関係）とよばれる特定の方位関係をもって生成し，しばしば結晶方位のそろった粗大な組織が形成される．この結晶方位のそろった粗大な組織では，き裂が組織に沿って容易に進展するため，低靱性化の原因となることが知られている．初析フェライトは通常母相オーステナイト粒界で形成されるが，核生成サイトとなるような介在物をオーステナイト粒内に分散させると，母相オーステナイト粒内でも形成する．このような粒内フェライトの形成は，最終的な結晶粒の微細化にも寄与するため，たとえば高強度鋼の溶接金属の微細化技術として用いられている現象である．

b．パーライト組織

　パーライト組織は，共析温度[*2]以下に過冷した鋼から析出する組織であり，フェライトとセメンタイト（Fe_3C 相）が層状に交互に配列した**ラメラ組織**[*3] となっている．図 8.5 に典型的なパーライト組織の光学顕微鏡写真を示す．パーライト組織を構成するセメンタイトは極めて高強度な相であるため，パーライト組織は高強度かつ耐摩耗性に優れた組織として工具鋼やレールなど，さまざまな部材に広く用いられている．また，フェライト中の転位は板状のフェライト内でしか活動できないため，パーライト組織の強度はラメラ間隔に大きく依存し，ラメラ間隔が小さいほど高強度かつ高靱性な組織となることが知られている．たとえば芯線加工されたパーライト組織はラメラ間隔がナノメートルオーダーになり，その方向も線方向に配向するため，極めて高強度になることが知られ，ピアノ線などに利用されている．

c．ベイナイト組織

　ベイナイト組織は，パーライト組織と後述のマルテンサイト組織が生成する温度の中間の温度域で生成する組織である．鉄原子は一般に 550 ℃以下になるとほとんど拡散できなくなるが，炭素原子などの侵入型合金原子は室温近傍まで拡散

[*2]　共析とは，均質な固溶体が温度低下により 2 種の固相成分に分解する現象であり，それが生じる温度を共析温度とよぶ．

[*3]　ラメラとは層状のことをいい，層状の構造をラメラ構造とよぶ．

パーライト組織

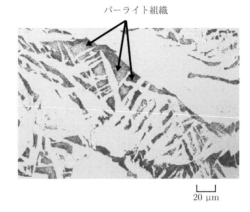

20 μm

図 **8.5** 低炭素鋼(Fe-0.15C-1.5Mn)中で観察されたパーライト組織

50 μm

図 **8.6** 低炭素鋼(Fe-0.15C-1.5Mn)中で観察されたベイナイト組織

できる．ベイナイト組織はこのような温度域で形成される組織であるため，フェライトと炭化物が混在した複雑な組織となっている．図 8.6 に典型的なベイナイト組織の光学顕微鏡写真を示す．図全体がベイナイト組織を表すが，このようにベイナイト組織は平行なラス状[*4]のフェライトが集積した組織となる．また，ベイナイト組織には，平行なラス状のフェライトと，フェライト間に析出した炭

[*4] ラス状とは，細長い板状のことをいう．

化物からなる上部ベイナイトと，炭化物が内部に析出したラス状や板状のフェライトの集合体である下部ベイナイトがある．どちらの組織も母相オーステナイトとK-S関係に近い特定の方位関係をもったフェライトが生成されることが知られており，母相オーステナイト粒内には特定の結晶方位の集合体であるパケットやブロックといった組織に分割される．また，パーライト組織とは異なりフェライト中の転位密度は高く固溶炭素量も多いことから，パーライト組織よりも高強度な組織となる．その一方で，上部ベイナイトはWidmanstetten組織同様に，粗大な組織を形成し低靱化の原因になるといわれている．

d. マルテンサイト組織

　マルテンサイト組織とは，マルテンサイト変態開始温度以下にオーステナイトが急冷されたときに無拡散変態により形成される組織のことである．普通鋼のマルテンサイト変態では，変態はせん断によって瞬時に進行し，板状もしくはラス状の変態生成物を形成する．図8.7に典型的なラスマルテンサイト組織の光学顕微鏡写真を示す．図全体がラスマルテンサイト組織を表す．ラスマルテンサイト組織はベイナイト組織と同様に，平行なラス状のフェライトが集積した組織となるが，ベイナイト組織とは異なり，マルテンサイト組織では炭素原子は過飽和のまま格子間の侵入型位置に補足された状態となる．この結果，マルテンサイト組織には変態時に高密度に導入された転位や固溶炭素，さらには内部応力と転位の間に強い相互作用が発生するため，マルテンサイト組織はベイナイト組織よりも

図 **8.7**　低炭素鋼(Fe-0.15C-1.5Mn)中で観察されたマルテンサイト組織

さらに高強度ではあるものの極めて低靭性な組織となる．そのため，炭素原子の一部を炭化物として析出させたり内部応力を開放することを目的に，**焼戻し**とよばれる熱処理を適用するのが一般的である．また，マルテンサイト組織はベイナイト組織同様に，母相オーステナイトと K-S 関係に近い特定の方位関係をもって形成するため，母相オーステナイト粒内には特定の結晶方位の集合体であるパケットやブロックといった組織に分割された組織となる．

e． 残留オーステナイト

残留オーステナイトは，ベイナイト組織やマルテンサイト組織のラス間にも見られる組織であるが，一般には母相オーステナイト内に残留した未変態のオーステナイトを指す．近年では合金設計や熱加工処理により意図的に残留オーステナイトを残留させた鋼が開発されている．これは，残留オーステナイト自体が延性に富む組織であることと同時に，熱力学的に準安定な残留オーステナイトが外力によってマルテンサイト変態する加工誘起変態により高延性化する，いわゆるTRIP（transformation induced plasticity）現象に期待しているからである．

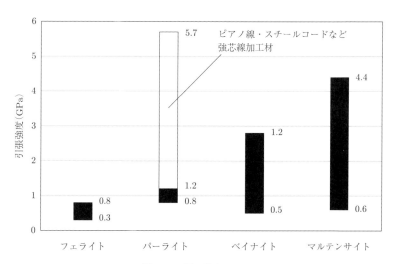

図 8.8 鋼の強度レベル
棒グラフ中の黒色の範囲は特殊な処理を施していない状態，白色の範囲は強芯線加工を施した状態である．

　図 8.8 に，初析フェライト，パーライト，ベイナイト，マルテンサイトの強度
レベルを示す．このように，鋼では母相オーステナイトから冷却する過程で，さ
まざまな力学特性をもつ多様な変態生成物が形成する．これらの多様な変態生成
物の体積分率や寸法，形状，さらにはその組み合わせを合金組成や加工熱処理に
より設計し，制御することで，多様な鋼材の開発が日夜進められている．

8.1.2　アルミニウム合金

　アルミニウム合金は鉄鋼とは異なり固相変態しないため，鉄鋼材料のような微
細組織の多様性は実現できない．そのため，合金元素の組み合わせ，さらには加
工や熱処理条件を制御する，**調質**とよぶ過程によって，結晶粒径，合金元素によ
る固溶強化や析出強化，転位の導入による加工硬化などを複合的に制御し，さま
ざまな強度特性を有する材料が製造されている．アルミニウム合金には，曲げや
プレス，押出などの展伸加工を施して用いる展伸材と，砂型，シェル型，金型，
ダイカストなどの鋳造に使われる鋳造性にすぐれた鋳造材に大別され，さらに析
出物による析出強化を利用する熱処理型と，固溶強化に依存する非熱処理型に大
別される．表 8.2 に規格と典型的な添加元素を示す．
　非熱処理型合金には，展伸材用アルミニウム合金では 1000，3000，4000，
5000 系合金があり，鋳造用アルミニウム合金では Al-Si，Al-Mg 系がある．基
本的にはアルミニウムと原子半径の異なるマグネシウム Mg，マンガン Mn，ケ
イ素 Si など元素を添加することで，転位が自由に移動するうえでの障害を導入

表 8.2　展伸用アルミニウム合金の分類

分類	規格	主要な合金系
非熱処理型合金	1000 系	Al（工業用純アルミ）
	3000 系	Al-Mn
	4000 系	Al-Si
	5000 系	Al-Mg
熱処理型合金	2000 系	Al-Cu
	6000 系	Al-Mg-Si
	7000 系	Al-Zn-Mg

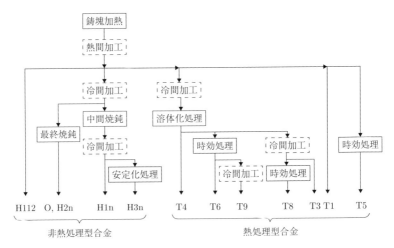

図 **8.9** 展伸用アルミニウムの製造工程と規格

し材料を強化するという固溶強化を期待した材料設計となっている．一方で熱処理型合金には，展伸材用アルミニウム合金では 2000，6000，7000 系合金があり，鋳造用アルミニウム合金では Al-Cu，Al-Mg-Si，Al-Si-Cu-Mg，Al-Mg 系がある．基本的には高温では固溶度が大きく，室温では固溶度が小さくなるような，銅 Cu，Mg，Si，ジルコニウム Zn などを含む合金を用い，高温から焼入れした後に熱処理で GP ゾーン[*5]や析出物を形成させることで，析出強化を期待した材料設計となっている．近年航空機分野で注目されている Al-Li 合金も熱処理型合金に含まれる．

　以上のようにアルミニウム合金には多くの規格が存在するが，同時に加工と熱処理により機械的性質や化学的性質を調整する調質にも標準化された規格があり，その背景を知ることは個々の合金の特性を理解するうえでも重要である．図 8.9 に一般的な展伸材の製造で用いられる製造工程と規格の対応を示す．以下では代表的な熱処理の方法（溶体化と焼入れ処理，焼戻しと時効処理，焼鈍処理）について説明する．

---

*5　GP ゾーンとは，時効過程で母相中に現れる溶質原子の集合体のことをいう．

a.　溶体化と焼入れ処理

熱処理型合金の場合，熱間圧延や押出加工をしたままの材料の中には，多量の粗大な析出物が不均質に析出していることが多い．このままでは所定の強度を得ることはできない．そこで，これらの析出物を十分に固溶させる必要があり，その熱処理を**溶体化熱処理**とよぶ．溶体化熱処理後には固溶した溶質原子が，室温まで過飽和固溶体状態を維持することが重要であり，一般的には十分な量の水を用いた急速冷却処理が行われる．この熱処理を**焼入れ**とよぶ．

b.　焼戻しと時効処理

焼入れ処理により過飽和固溶体状態となった熱処理型合金は，室温付近では非常に不安定で，GP ゾーンの形成や準安定相の析出が進行する．これを**室温時効**とよぶ．また，100〜200 ℃付近では溶質原子の拡散が促進され，析出が促進される．これを**人工時効**または**高温時効**とよぶ．室温時効は主に Al-Cu 系合金に適用される．人工時効は多くの熱処理型合金に適用されるが，一般には時効開始初期には一度強度が低下し，その後強度は増加する現象が観察される．さらに時効を続けると最高強度に達した後，強度は低下する．初期に強度が低下する現象は**復元**とよばれ，原因としては人工時効前の自然時効で形成された GP ゾーンが分解するためと考えられている．成形性を確保するため，復元を意図的に利用することもある．また，最高強度に達した後に観察される強度が低下する現象は**過時効**とよばれ，析出物が粗大になりすぎたことが原因である．

c.　焼 鈍 処 理

非熱処理型合金の場合，冷間加工後は転位密度が高密度に導入され，結晶粒径も細粒化するため，成形性が極めて悪化する．そのため，転位の回復や再結晶を目的とした熱処理が施される．また，熱処理型合金の場合，成形性を向上させるためには，析出物の粗大化が必要であり，これらの加工性を向上させる目的の熱処理を**焼鈍処理**とよぶ．

以上のように，アルミニウム合金は合金元素の添加と加工，熱処理を通して力学的特性を制御している．その結果，強度レベルが 700 MPa を超える合金も開発されている．しかし一方で，積層欠陥エネルギーが高いことから大きな加工硬化は期待できず，鋼と比較するとプレス加工性に乏しいことや，面心立方晶構造

であるため，ひずみ速度依存性も小さく，局部伸びも鋼材と比較すると小さいという欠点もある．

8.2　セラミックス

　セラミックスは金属とは異なり転位は室温ではほとんど活動しない．そのため，セラミックスは室温では延性を示さず，表面や材料内部に存在するき裂状の欠陥を起点として脆性的に破断する．金属でも表面や材料内部にき裂状の欠陥があると，き裂先端では理論上は応力が無限大に発散し破壊の起点になりうる．しかし，金属ではこの応力集中部では転位の活動により塑性変形する領域（プロセスゾーンとよばれる）が形成され，大きなエネルギーを散逸する．結果として，金属の見かけの破壊靭性値は極めて高くなる．一方，セラミックスでは，き裂先端部における塑性変形はごくわずかであり，一般には微小なプロセスゾーンしか形成せず，見かけの破壊靭性値は小さい．このようなセラミックスを工学的に用いるためには，靭性の改善が不可欠となっている．そこで，ここではセラミックスの強靭化の考え方に関して説明する．

a.　き裂進展抵抗曲線（R カーブ）

　セラミックスの強靭化には，相変態を利用したものや，マイクロクラックを導入したものなどがあり，いずれも主き裂先端部に非弾性的なひずみを生むことで，プロセスゾーンの形成を期待している．しかし，金属と異なりセラミックスにおけるプロセスゾーンの寸法はき裂長さや部材寸法などと比較して十分小さく，これだけでは大きな強靭化は期待できない．実際にセラミックスの強靭化に大きな影響を及ぼすのは，実はき裂が進展する過程で形成されたプロセスゾーンが，き裂先端後方に残留してできるプロセスゾーン・ウェイクとよばれる部分のほうである．このウェイクの導入により強靭化されたセラミックスでは，き裂長さとともに破壊靭性が増大する，**き裂進展抵抗曲線**（あるいは R カーブ）[*6]挙動とよばれる挙動を示す．これをマイクロクラックによる強靭化を例に簡単に説明する．マイクロクラックによるプロセスゾーンの形成と R カーブの関係の模式図を図 8.10 に示す．図 8.10(a) に示すように初期き裂が進展を開始する時点で

[*6]　工学教程『材料力学Ⅱ』の 10.2 節，および本書の 7.5 節を参照のこと．

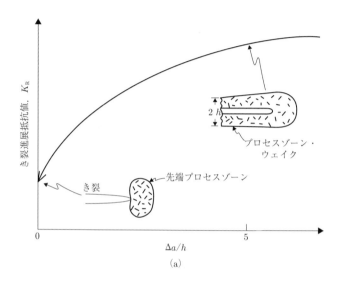

(a)

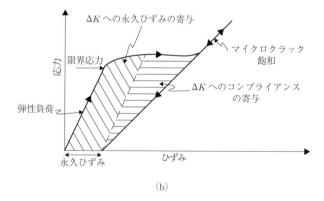

(b)

図 8.10　(a) プロセスゾーンの形成とき裂進展抵抗曲線
　　　　　　(b) プロセスゾーン内での応力-ひずみ関係の変化

は，き裂先端部にしかプロセスゾーンは存在しない．そのため，き裂進展抵抗（破壊靭性値 K_R）はあまり大きくない．しかし，き裂の進展に従いき裂先端後方には，多数のマイクロクラックを有するウェイクが形成される．このウェイク中では図 8.10(b)に示すように，マイクロクラック形成による永久ひずみと見た目の弾性定数の低下が生じ，き裂先端での応力集中を緩和させる．その結果，き裂の進展に伴いより大きな応力緩和が発生し，R カーブ挙動として観察されるのである．

b.　マイクロクラック

上記のように，マイクロクラックは R カーブ挙動の発現に重要な役割を果たす．マイクロクラックの導入方法には応力誘起変態を用いる方法だけでなく，熱膨張係数の異方性を用いる方法や，マトリックスと熱膨張係数が大きく異なる分散粒子を分散させる方法など，さまざまな方法が開発されている．これらの方法では，個々の粒子近傍に形成される残留応力が主き裂先端部の応力場と相互作用することで，マイクロクラックが発生することを期待している．

c.　応力誘起変態

応力誘起変態を利用した強靭化としては部分安定化ジルコニア（partially stabilized zirconia, PSZ）や単斜晶ジルコニア（tetragonal zirconia polycrystal, TZP）の例が有名である．ジルコニアの室温での安定相は単斜晶ジルコニアであるが，イットリア（yttria）を少量添加することで準安定相である正方晶ジルコニアを得ることができる．この正方晶ジルコニアは，主き裂先端部近傍の応力場の影響を受けて，より安定な単斜晶ジルコニアに相変態する．このような応力の作用による変態を**応力誘起変態**とよぶ．ジルコニアは相変態に伴い体積膨張するが，プロセスゾーンにおける応力緩和の効果は極めて限定的である．実際にはき裂進展に伴いウェイクが発達し，そのウェイクにおいて体積膨張により生じた圧縮応力がき裂面に作用する．これにより，き裂先端の応力集中が緩和され，R カーブ挙動が発現すると考えられている．また，このような応力誘起変態に伴う体積膨張は，プロセスゾーン内にマイクロクラックを形成し，体積膨張と相乗的に応力緩和に寄与する．このような効果は Al_2O_3-ZrO_2 粒子分散型複合材などさまざまに応用されている．

d. ブリッジング

マイクロクラックと応力誘起変態を用いた強靭化法は, き裂先端部のプロセス
ゾーンにおける材料の非線形挙動を利用した強靭化といえる. これとはまったく
異なる強靭化の手法としては, ウィスカー(whisker)や短繊維などの強化相を用
いる手法がある. 基本的な強靭化のメカニズムは, き裂の進展に伴い強化相がマ
トリックスから引き抜かれるときに強化相とマトリックス間の剥離や摩擦により
生じるエネルギー散逸である. 強靭化に用いられるウィスカーとしては SiC ウィ
スカーが有名である. 特殊な例としては, Si_3N_4 セラミックスの例がある. Si_3N_4
では, もともと SiC ウィスカーを導入したときの焼結が難しく, 製造上の問題が
あった. それを解決する方法として, 焼結時に α-Si_3N_4 が β-Si_3N_4 に相転移する
際に β-Si_3N_4 が針状に粒成長することを利用し, 針状の結晶粒がお互いに絡み
合った組織を形成することを用いた制御手法が開発されている.

8.3 高 分 子 材 料

高分子材料は線状の分子鎖を基本構造としてもち, それら分子鎖や分子鎖同士
の結合状態により力学特性は大きく異なり, 熱可塑性樹脂と熱硬化性樹脂の2種
類に大別される. 表8.3 に代表的な樹脂を示す. 以下では, それぞれの高分子の
特徴に関して説明する.

表 8.3　プラスチックの分類

種類	熱可塑性プラスチック	熱硬化性プラスチック
特徴	加熱により, 可塑性や流動性を与えることができる. 加熱冷却により再成形可能. リサイクル性に優れる.	加熱により架橋し, 固化する. 再成形不能. リサイクルは不可. 耐溶剤性, 耐熱性, 機械的強度に優れる.
例	ポリエチレン ポリプロピレン ポリ塩化ビニル ポリスチレン	エポキシ樹脂 メラニン樹脂 フェノール樹脂 ポリエステル

8.3.1 熱可塑性樹脂

　線状の分子鎖同士が弱い結合である van der Waals 力で結びついているような高分子は一般には**熱可塑性プラスチック**とよばれる．このような高分子は温度によって分子間の結合状態が変化し，さまざまな力学挙動を示す．

　極低温では分子鎖の一部は規則的な配列をする高分子結晶をつくる．また，結晶化していない非晶質領域も主にガラス状態にあり，ランダムに配置された分子鎖が凍結された状態である．このような状態の高分子は強度が高いものの脆い．

　一方で，温度を上げガラス転移温度 T_g 以上に加熱すると，もつれた分子鎖間の結合が緩み，お互いに粘性的にすべりやすくなる．この状態の高分子は可塑性を示し，高靱性となる．また，この状態における高分子の変形は時間依存性が強く，一般的には 2.2.1 項で述べた粘弾性体としてモデル化される．また，非晶質領域ではミクロブラウン運動が起きており，わずかな力で個々の分子鎖が伸び縮み可能になる．この状態の高分子はゴム状となり，**エントロピー弾性**とよばれる特殊な弾性挙動を示す．ちなみに，T_g 以下においては，高分子材料は**エネルギー弾性**とよばれる非線形弾性挙動を示す．

　さらに温度を上げ融点を超えると高分子結晶は消滅し，溶融状態となる．この状態の高分子は粘度の高い粘性流体として振舞う．このような性質をもつ熱可塑性樹脂は加熱したり冷却することで，自由に形状を変えられる．

8.3.2 熱硬化性樹脂

　熱硬化性樹脂では，熱可塑性樹脂とは異なり重合時に線状の分子鎖が成長するだけでなく，分子鎖間も共有結合やイオン結合で連結され最終的には網状の高分子となる．このような高分子は温度を上げても，分子鎖同士が自由に動くことができない．このため，加熱しても軟化や溶融は生じず，最終的には熱分解するため，一度形状を決めてしまうと二度と形状を変えることができない．その半面，熱硬化性樹脂は 3 次元網目構造をもつため表面硬度が高く，耐溶剤性，耐熱性，機械的強度などの観点で一般には熱可塑性樹脂より優れている．

8.4　複 合 材 料

　複合材料は，複数の素材を組み合わせてできる材料のことで，多くの素材は事実上複合材料といえるが，複合化することで単一の材料にはなかった特性を生み出し，使用条件に合わせた仕立てを行える可能性を有する．ここでは，木材などの自然界のものは対象とせず，工業的に使用されている複合材料について説明する．繊維や母材(マトリックス)，あるいは繊維形状，基材形状の違いによりさまざまな複合材料があるため，本節では代表的な複合材料に関する記述に留める．一般には，母材だけでは力学的に弱く，繊維状のより強い素材で強化しており，複合化することで，軽くて強い素材に仕立てている．これらの複合材料は不均質，つまり場所によって特性が異なっており，示す特性は顕著な異方性，つまり方向によって硬さなどの特性が異なる性質を示すことが多い．

8.4.1　強　　化　　材

　複合材料用の強化材は多くの種類が存在し，そのうち，特殊な母材のためにつくられているものもある．強化材は一般には高い剛性と低い密度を有している．代表的な繊維としては，炭素繊維，ガラス繊維，有機繊維(アラミド(aramid)など)が挙げられ，高分子材料を母材とする複合材に広く使用されている．SiC 繊維などのセラミック繊維はセラミックスあるいは金属を強化するために用いられることが多い．近年では，グラフェン，カーボンナノチューブといった高機能なフィラー・ナノファイバーも多く，それらを高分子や金属などの強化材として用いる研究も進められている．

　強化材の形態としては，
　・モノフィラメント(大直径，単繊維)：SiC 繊維など
　・マルチフィラメント(繊維の集合体)：炭素繊維，ガラス繊維など
　・短繊維(布やテープ状に集合したものも含む)：ガラス繊維，炭素繊維など
　・ナノファイバー，ウィスカー
　・粒子

などが挙げられる．フィラメントを一方向にそろえて配置した複合材を一方向材とよび，フィラメントを織り込むあるいは編みこんだ形の織物や組み紐形態の基材もある．基材にも多くの種類が存在し，製造方法や成形性などを勘案して適し

た形態の基材を選択することになる．2次元的な織物としては，平織や綾織，朱子織などがあり，伝統的な工芸品との関連も深い．さらに3次元的な織物や2次元織物を厚み方向に縫うスティッチング技術も開発され，3次元に連続的に強化した形態も存在する．

8.4.2　母材（マトリックス）

　母材としては，高分子や金属，セラミックスなどが挙げられる．基本的には，母材単体では得られない特性を期待して，強化材と母材で複合材料を創成することになる．母材ごとに製造の容易さが異なり，製造性や強化材と母材の相性などが複合材料を実現するうえで重要なファクターとなる．

　高分子マトリックスとしては，8.3節でも述べられた熱硬化性樹脂と熱可塑性樹脂に大別される．エポキシ樹脂やポリエステル樹脂などは広く使用され，熱硬化性樹脂の代表格である．一般に，熱硬化性樹脂は，液体状の樹脂が熱などの作用により化学的に架橋し，3次元的な網目構造を形成することで硬い固体となる．熱硬化性樹脂の性質は，初期化合物および硬化時の架橋過程により決まる．一般には高い温度を一定時間付与することで，架橋反応も進み，優れた性質を得ることができるが，硬化中の樹脂収縮や高い成形温度から常温への冷却により，複合材料中の残留応力の原因ともなる．熱硬化性樹脂は一般には脆性材料であるが，熱可塑粒子などの添加により，脆性を改善した樹脂なども存在する．硬化前の樹脂粘度も幅広く，またある程度の制御も可能なため，複合材料の成形方法としては，樹脂含浸成形やプリプレグ（prepreg）などの中間基材を経た成形法など，幅広い．

　もう1つの高分子マトリックスとして，熱可塑性樹脂がある．ポリエチレン（PE），ポリプロピレン（PP），ポリエーテルイミド（PEI），ポリエーテルエーテルケトン（PEEK）など数多くの種類がある．熱硬化性樹脂と異なり，通常の熱可塑性樹脂は架橋はしない．大きな分子量を有し，高温では流動性を発現し，使用温度では分子鎖がからみ合い，あるいは結晶性のものは分子配列が高度に発達することで剛性や強度を発現する．熱可塑性樹脂は一般に延性を示し，化学的安定性，低吸湿性も示すことが多い．一方，強化材との接着性は一般に悪いため，複合材料を実現するためには，強化材の表面処理や熱可塑性樹脂の変性方法などを検討する必要がある．また，熱可塑性樹脂は加工性が一般に悪く，溶融しても高

い粘度を示すため，プリプレグ化やプレス成形に際して，条件検討が必要となる．短繊維との複合材の場合は，射出成形など各種成形法を採用することが可能である．

　高分子以外にも金属やセラミックスのマトリックスもある．アルミニウム，マグネシウム，チタンが代表的な金属マトリックスであり，金属マトリックスは高分子に比べマトリックスの剛性が高いため，強化材による補強効果は一般には小さい．摩耗やクリープ特性などの改善が目的の複合材も目立つ．金属マトリックス複合材を MMC(metal matrix composite) とよぶ．セラミックスのマトリックスとしては，炭化ケイ素(SiC)やアルミナ(Al_2O_3)などが挙げられる．セラミックスマトリックス複合材を CMC(ceramic matrix composite) とよぶが，セラミックスをセラミックス繊維で強化したものも多く，セラミックスの界面制御による高靭性化や耐熱性を期待し，エンジンなどの高温構造材料としての実用化が期待されている．また，液相のポリマーを炭化させるなどの手法によりカーボンマトリックスを得るカーボン/カーボン複合材料(C/C)はブレーキディスクやロケットノズル，アブレーターとして用いられている．

8.4.3　ガラス繊維強化プラスチック(**GFRP**)

　強化材としてガラス繊維，マトリックスとして高分子材料を使用したものをガラス繊維強化プラスチック(glass fiber-reinforced plastics, GFRP)とよぶ．長繊維を用いたものや短繊維を用いたものがあり，航空機，船舶，貯蔵容器や民生品まで幅広く使用されている．

　単にガラス繊維といっても E ガラス(elastic の E)や S ガラス(strength の S)など，成分やその性質もバリエーションがあり，ガラス繊維は等方性である．よく使用される E ガラス繊維は 10 μm 程度の直径を有する．ガラス繊維の表面損傷を防ぐ，樹脂含浸性を向上させる，あるいは，マトリックスとの界面強度を向上させる目的で，主にシラン(silane)剤によるガラス繊維の表面処理が行われる．GFRP は比較的軽量かつ高強度であり，絶縁性や耐候性にも優れ，衝撃にも強い．一方で，酸による劣化や廃材の処理問題など，解決すべき点も多い．

8.4.4 炭素繊維強化プラスチック(**CFRP**)

　強化材として炭素繊維，マトリックスとして高分子材料を使用したものを炭素繊維強化プラスチック(carbon fiber-reinforced plastics, CFRP)とよぶ．炭素繊維は原材料や製法の違いによりポリアクリロニトリル系(PAN 系)とピッチ系がある．さらにそれぞれの系でも各種グレードが存在し，剛性や強度などの性質もさまざまである．炭素繊維はその微視構造(グラファイトの結晶方向性)から見ても顕著な異方性を示し，軸方向に大きな剛性と強度を有する．炭素繊維の直径は通常 7 μm 程度である．一般にピッチ系炭素繊維は高剛性(破断伸びは小さい)，高熱伝導率，高電気伝導率を示し，PAN 系繊維は高強度品も得られ市場に多く出回っている．炭素繊維の場合，樹脂との界面強度は表面酸性基の量とともに向上するといわれており，陽極酸化などの酸化処理が炭素繊維の表面処理として施される．

　カーボン繊維は軽量，高剛性，高強度であり，CFRP は軽量構造素材として，航空宇宙分野を中心に適用されてきたが，近年，環境性向上が叫ばれる自動車などの輸送システムでも欠かせない素材となりつつある．熱硬化系 CFRP(炭素繊維/エポキシ樹脂など)と熱可塑性 CFRP(炭素繊維/ポリプロピレン樹脂など)に大別されることも多いが，一般には機械的特性と信頼性の点では前者に分があり，成形効率とリサイクル性の点では後者が有利である．成形手法も，オートクレーブ(autoclave)成形，フィラメントワインディング(filament winding)成形，プレス成形，樹脂含浸成形など多岐にわたり，成形するための中間基材(未硬化樹脂を繊維に含浸させたプリプレグ，織物基材など)も成形法に応じて，各種開発されている．成形性や生産効率，要求される特性に応じて，最適な素材，中間基材，成形手法を採用することが求められ，そのための装置開発も進んでいる．

8.4.5 金属基複合材料

　金属基複合材料(MMC)は金属を繊維で強化した材料であり，高分子系の複合材料のようにそれ自体が軽量である材料ではなく，また補強効果も大きくはない．必要な部分に繊維を加え，金属材料の強度や剛性の特性を向上させた部材を得ることができる．マトリックスとしては，アルミニウム合金，マグネシウム合金，チタン合金などが挙げられ，繊維としては SiC 繊維や炭素繊維などがある．

エンジンのファンブレードなどの試作例はあるものの，一般には，素材が高価で，製造性についても量産しにくい面もあり，広く適用は進んでいないが，加工や接合が金属のように行える可能性があるというメリットもある．

8.4.6　セラミック基複合材料

　セラミック基複合材料(CMC)はセラミックスを繊維で強化した材料である．耐熱性が高いため，耐熱合金の耐用温度を大幅に向上できる材料として期待されており，エンジン部材(燃焼器やタービン部品など)の軽量化などに寄与すると考えられる．セラミックス繊維や炭素繊維とセラミックスマトリックスの組み合わせが考えられる．セラミックス繊維は SiC 繊維やアルミナ繊維が主流であり，SiC 繊維は耐熱性に優れ(1200 ℃程度までは十分な耐熱性と強度を有する)，繊維の高強度化や耐熱性もさらに向上しつつある．CMC はセラミックス繊維などの繊維織物を基材として，気相含浸法やポリマー含浸焼成法などによりセラミックスマトリックスを緻密化して製造される．CMC はミクロスコピック的にセラミックスが破壊しても繊維が荷重を負担している間はマクロスコピック的に塑性変形のような挙動を示すことが知られている．ボイドの少ないマトリックス成形技術や酸化劣化を防ぐコーティング技術も開発されつつあり，実用化に向けた動きが加速しつつある．

8.5　コンクリート

　コンクリートはモルタル(mortar)と粗骨材の複合材料である．力学的には圧縮に強い骨材をモルタルで接着し，圧縮，引張り，せん断に対して剛性と強度を上げている．特に強度は重要で，骨材ほどの圧縮強度はないものの，相応に高い圧縮強度と，その 1/10 程度であるが引張強度をもつ．なお，モルタル自体は，セメントペーストと細骨材からなる複合材料であり，水和反応とよばれる化学反応で生成される酸化ケイ素 SiO_2 を主体とする結晶構造をもつ．水和反応には日単位の時間がかかるため，コンクリートとして固結するまでは流動性があり，建設作業現場で打設されることも多い．なお，セメントペーストの結晶構造には細孔構造とよばれる連結した空隙があり，水分の移動の場となっている．

　コンクリートは引張強度が低いため，建築土木の分野では，コンクリートの内

部に鉄筋を入れた鉄筋コンクリートとして使われることが多い．鉄筋の代わりに
鋼の板材でつくられたより剛性や強度が高い鉄骨が建築建物には使われることも
ある．たとえば鉄筋コンクリートのはり部材では，引張応力が作用する側に鉄筋
を入れて，はり部材としての強度を確保する．鉄筋に比べ安価なコンクリートを
効果的に使うことで，鋼材のみのはり部材よりもコストパフォーマンスを上げる
ことができる．またプレストレストとよばれる引張力を鉄筋に加え，はり部材の
強度をさらに向上させることも行われている．

　材料力学では，複合材料としてのコンクリートを扱うことが自然である．逆に
いえば，コンクリートを構成するモルタルと骨材を独立に扱うことや，鉄筋コン
クリートを複合材料として扱うことは馴染まない．硬い粗骨材とそれを接着する
モルタルという構造をもつコンクリートの材料特性は，アモルファス(amor-
phous)や結晶といった構造をもつ金属材料とは異なる挙動を示す．たとえば，
モルタルの塑性変形や，モルタルと粗骨材の界面を含むき裂の発生や進展がコン
クリート特有の挙動として挙げられる．水和反応の進行に伴う強度の発現も，物
理化学的現象としては興味深い．

　本節では，2.1節の続きとして，コンクリート構成則について説明する．コン
クリートの構成則としてさまざまなものが提案されているが，本節では前川らに
よる構成則[33]を紹介する．これはコンクリートの挙動の再現や予測に関して高
い精度をもつ他，実験で決定できる少数のパラメータをもつ実用的にも便利な構
成則として高い評価を得ている．このモデルは複合材料であるコンクリートに対
して現象論的に導出された構成則であるが，弾性，損傷，塑性の3点を考慮して
いる点も特徴である．また，弾性ひずみ，塑性ひずみテンソルの座標によらない
不変量を使って構成則を記述している点も優れている．

　最初に前川らの構成則の弾性部分を説明する．等方弾性が仮定されているが，
非線形であり，弾性テンソル $\boldsymbol{C}$ は次のように定義されている．

$$\boldsymbol{C} = 3K^0\boldsymbol{E}^1 + 2G^0K\boldsymbol{E}^2 \tag{8.1}$$

ここで $\boldsymbol{E}^1$ と $\boldsymbol{E}^2$ はデカルト座標で

$$E^1_{ijkl} = \frac{1}{3}\delta_{ij}\delta_{kl}, \quad E^2_{ijkl} = \frac{1}{2}(\delta_{ik}\delta_{jl} + \delta_{il}\delta_{jk}) - \frac{1}{3}\delta_{ij}\delta_{kl} \tag{8.2}$$

を成分とするテンソルである．初期状態の Young 率と Poisson 比を E^0 と ν^0 と

して

$$K^0 = \frac{E^0}{3(1-2\nu^0)}, \quad G^0 = \frac{E^0}{2(1+\nu^0)} \tag{8.3}$$

である. 弾性の非線形性は次式で定義される破壊パラメータ K により表現される.

$$K(F) = \min\left\{ \exp\left(-\frac{F}{a}\left(1 - \exp\left(-\frac{F}{b}\right)\right)\right)\right\} \tag{8.4}$$

ここで a と b は定数(それぞれ 3.25 と 0.8)であり, F は次のように定義される関数である.

$$F(I_1^e, J_2^e, J_3^e) = \frac{\sqrt{2}J_2^e\left(\frac{6}{5} + \frac{3\sqrt{3}}{10}\left(\frac{J_3^e}{J_2^e}\right)^3\right)}{0.23\varepsilon^0 + \sqrt{3}|I_1^e|} \tag{8.5}$$

関数 F の変数は弾性ひずみとその偏差成分の不変量である. 弾性ひずみとその偏差成分をそれぞれ ε^e と e^e とすると, デカルト座標の成分を使って不変量は

$$I_1^e = \frac{1}{3}\varepsilon_{ii}^e, \quad J_2^e = \sqrt{\frac{1}{2}e_{ij}^e e_{ij}^e}, \quad J_3^e = \sqrt[3]{\frac{1}{3}e_{ij}^e e_{jk}^e e_{ki}^e} \tag{8.6}$$

となる. なお e^e の成分は $e_{ij}^e = \varepsilon_{ij}^e - (1/3)\delta_{ij}\varepsilon_{kk}^e$ である. また関数 F のパラメータ ε^0 は, コンクリートの強度を f_c とすると,

$$\varepsilon^0 = \frac{1.6(1+\nu^0)f_c}{E^0} \tag{8.7}$$

である. コンクリートの弾性を記述するために必要なパラメータは $\{E^0, \nu^0, f_c\}$ である.

　次に前川らの構成則の塑性部分を説明する. 紙面の都合上, 圧縮のみを説明する. これは 2.1 節で述べたような通常の弾塑性理論の枠組みで定式化することができるためである. この定式化は塑性ひずみ増分 $d\varepsilon^p$ に次の形を仮定することから始まる.

$$\mathrm{d}\varepsilon^p = \mathrm{d}g\boldsymbol{d} \tag{8.8}$$

ここで $\mathrm{d}g$ は比例係数，$\boldsymbol{d}$ は次の 2 階のテンソルである．

$$\boldsymbol{d} = DP\boldsymbol{\delta} + \frac{\boldsymbol{e}^e}{J_2^e} \tag{8.9}$$

なお $\boldsymbol{\delta}$ はクロネッカーのデルタ，D と P は弾性ひずみ $\boldsymbol{\varepsilon}^e$ とその偏差成分 $\boldsymbol{e}^e$ の次の実験式である．

$$D(K) = \begin{cases} D_0 & K > 0.5 \\ D_0(2K)^2 + D_1(1-(2K)^2) & K < 0.5 \end{cases}$$
$$P(X) = \begin{cases} 0 & X > 1 \\ 1 & X < -1 \\ \frac{1}{2}\left(1 - \sin\left(\frac{\pi}{2}X\right)\right) & -1 \leq X \leq 1 \end{cases} \tag{8.10}$$

パラメータ D_0 と D_1 は

$$D_0 = -\frac{1-2\nu^0}{\sqrt{3}\,(1+\nu^0)}, \quad D_1 = \frac{\sqrt{2}\,I_1^e + 0.3\varepsilon^0}{0.28\varepsilon^0}$$

となる．P の変数 X は $\sqrt{3}\,I_1^e/J_2^e$ である．比例係数 $\mathrm{d}g$ を決定するため，塑性ひずみの偏差成分の不変量 J_2^p が弾性ひずみの偏差成分の不変量 J_2^e で与えられるという $J_2^p = H(J_2^e)$ の関係を使う．この関係を次の降伏関数 f がゼロとなる条件と考えるのである．

$$f(J_2^p, J_2^e) = J_2^p - H(J_2^e) \tag{8.11}$$

ここで H は J_2^e の関数であり，$J_2^e = (9/10)\varepsilon^0(J_2^e/\varepsilon^0)^3$ である．降伏関数の増分がゼロである条件 $\mathrm{d}f = 0$ を計算すると

$$\mathrm{d}g\frac{e^p : \boldsymbol{d}}{2J_2^p} = H'\frac{e^e : \mathrm{d}e^e}{2J_2^e} \tag{8.12}$$

が導かれる．この式から次のように $\mathrm{d}g$ を決定できる．

$$dg = \left(\frac{e^e : e^p}{H J_2^p} + 2\right)^{-1} e^e : d\varepsilon \tag{8.13}$$

すなわち，増分量である dg が，変位増分から直接計算できる $d\varepsilon$ を使って決定されるのである．この結果，$d\varepsilon$ を使って $d\varepsilon^p$ が決定できるようになり，ひずみ増分と応力増分を結ぶ弾塑性テンソルが次のように計算される．

$$C^{EP} = (C + \nabla C : e^e) : (I - L) \tag{8.14}$$

ここで C は式 (8.1) の非線形弾性テンソル，L は次の 4 階のテンソルである．

$$L = \left(DP\delta + \frac{1}{J_2^e} e^e\right) \otimes \left(\left(\frac{e^e : e^p}{H J_2^p} + 2\right)^{-1} e^e\right) \tag{8.15}$$

また I は $\delta_{ij}\delta_{kl}$ を成分とする 4 階のテンソルである．

8.6　地　盤　材　料

　地盤材料は，通常，地盤の表層を構成する砂や粘土を指す．地盤の深部である岩盤材料とは区別される．地盤と岩盤の大きな違いは，地盤材料はさまざまな径の土粒子から構成される点である．このため連続体の代わりに粒子の集合である粒状体というモデルが使われることもある．土粒子の集合であるため，圧縮に比べ極端に引張りの剛性や強度は小さい．また圧縮に応じてせん断に対する剛性や強度も変わる．土粒子の間の間隙には水が入ることがある．地下水の水位が高い地盤では地震動によって液状化が起こる場合があるが，これは土粒子と間隙水の相互作用によって，地盤が液体のように揺れるようになる現象である．

　土粒子から構成される地盤材料は，互いに接触する土粒子を土骨格，土粒子の間を間隙として扱う．間隙は水や空気で満たされる．地盤材料の力学的性質を決めるのは，粒子そのものではなく土骨格である．実際，地盤の変形は，土粒子そのものの変形より土粒子の接触の仕方が変わるという土骨格の変形が支配的である．たとえば緩く詰めた砂は若干の振動によって体積が大きく減少する締固めという現象が起こるが，これは土骨格の変形によるものである．土骨格の変形は，**ダイラタンシー**とよばれるせん断応力が引き起こす大きな体積収縮のメカニズムでもある．せん断応力によって土骨格を構成する土粒子が互いにずれることで間

隙が減少し，この結果，体積が減少するのである．この逆のメカニズムは，せん断応力による土骨格の噛み合わせの変化が間隙と体積を増加させることもあり，これは負のダイラタンシーないし**コントラクタンシー**とよばれる．

　一方，締固めとは別に，圧密とよばれる現象でも大きな変形が起こる．これは，一定以上の圧縮力[*7]を受けると，体積の減少が急速に大きくなるという典型的な非弾性変形である．特に粘土で顕著である．より正確には，圧密は，一定圧縮力のもとで体積の減少速度が増加するという粘性的な挙動である．

　砂や粘土には締固めと圧密という大きな変形を示す特性があるため，各々に固有の構成則を使うこともある．しかし，砂と粘土の違いは粒径の違いであり，物質としての違いはない．このため，砂と粘土の区分をしない地盤材料の構成則が実務でも使われる機会が増えている．締固めと圧密は非可逆的な現象であるため，弾塑性の枠組みを使う構成則が自然である．本節では，代表的な地盤材料の弾塑性構成則として次の降伏関数を説明する．

$$f(\boldsymbol{\sigma}, \varepsilon_v^p) = \frac{MD}{n_E}\left(\frac{\eta^*}{M}\right)^{n_E} + MD \ln \frac{p}{p_0} - 3\varepsilon_v^p - MD \ln R + MD \ln R^* \tag{8.16}$$

この降伏関数 f は応力 $\boldsymbol{\sigma}$ と塑性ひずみの体積成分 $\varepsilon_v^p = (1/3)\varepsilon_{ii}^p$ の関数である．右辺の変数のうち，$\boldsymbol{\sigma}$ から計算される変数は体積成分 $p = (1/3)\sigma_{ii}$ と次の η^* である．

$$\eta^* = \sqrt{\frac{3}{2}} \left| \frac{\boldsymbol{s}}{p} - \frac{\boldsymbol{s}_0}{p_0} \right|$$

ここで $\boldsymbol{s}$ は応力の偏差成分であり，同じ記号を使うが，初期状態の応力 $\boldsymbol{\sigma}_0$ の偏差成分が $\boldsymbol{s}_0$ である．記号 $|(.)|$ は2階のテンソル $(.)$ のノルム（$|(.)| = \sqrt{(.)_{ij}(.)_{ij}}$）である．また R と R^* 以外のパラメータ $\{M, D, n_E\}$ は材料定数である．具体的には M と D は限界応力比とダイラタンシー係数であり，圧縮指数 λ と膨潤指数 κ によって

---

*7　一定以上の圧縮力は，おおむね過去に受けた最大の圧縮力である．最大の圧縮力より小さい圧縮力がかかる状態は過圧密状態，最大の圧縮力を超えた圧縮力がかかる状態は正規圧密状態とよばれる．

$$MD = \frac{\lambda - \kappa}{1 + \varepsilon_0}$$

として計算される. ここで ε_0 は間隙比である. n_E は降伏曲面形状パラメータである. R と R^* の増分は発展則とよばれる次の実験式を満たす.

$$dR = -\frac{m}{D} \ln R |d\varepsilon^p|$$
$$dR^* = a(R^*)^b (1 - R^*)^c |d\varepsilon^p| \tag{8.17}$$

ここで m と $\{a, b, c\}$ は材料定数である. 降伏関数の第 1 項と第 2 項が締固めと圧密に対応する. 塑性ひずみの体積成分を含む第 3 項以降が増減することで $f = 0$ となる応力空間内での降伏曲面の大きさが変わる. これが塑性変形の進行に対応する.

　地盤材料の塑性には極めて複雑な降伏関数が使われるが, 弾性は単純である. 等方性が仮定され, 次のように与えられる.

$$\boldsymbol{c} = K\boldsymbol{E}^1 + \frac{3(1 - 2\nu)}{1 + \nu} K\boldsymbol{E}^2 \tag{8.18}$$

ν は Poisson 比, K は体積弾性係数であり, 限界応力比 M とダイラタンシー係数 D によって次のように定義される.

$$K = \frac{\Lambda}{MD(1 - \Lambda)} \tag{8.19}$$

ここで Λ は圧縮指数 λ と膨潤指数 κ によって

$$\Lambda = 1 - \frac{\kappa}{\lambda}$$

と計算される非可逆比である. 式 (8.16) の降伏関数と式 (8.18) の弾性テンソルを使うことで, 弾塑性テンソルが次のように計算される.

$$\boldsymbol{c}^{EP} = \boldsymbol{c} + \frac{(\boldsymbol{c} : \nabla f) \otimes (\boldsymbol{c} : \nabla f)}{C} \tag{8.20}$$

∇f は f の σ に関する偏微分であり，

$$C = \nabla f : \boldsymbol{c} : \nabla f - \frac{\partial f}{\partial \varepsilon_v^p}\frac{\partial f}{\partial p'} + \frac{m}{D}\ln R\frac{\partial f}{\partial R}|\nabla f| - a(R^*)^b(1-R^*)^c\frac{\partial f}{\partial R^*}|\nabla f| \quad (8.21)$$

である．この C は，塑性状態では f の増分 df がゼロという条件に式 (8.17) を使うことで計算されている．

　式 (8.16) の降伏関数は，金属材料の降伏関数より複雑である．たとえば材料試験によって決定しなければならない材料定数も多い．また初期応力状態 $\boldsymbol{\sigma}_0$ の推定も必要である．最大の特徴は式 (8.17) の発展則を満たす R と R^* が含まれている点である．より厳密に R と R^* を説明するために，式 (8.16) の f を第 1 項と第 2 項の和を F として，

$$f = F - \varepsilon_v^p - MD\ln R + MD\ln R^* \tag{8.22}$$

と書き直す．降伏関数の定義より，$F = \varepsilon_v^p$ が応力関数の元来の降伏曲面を表すと考えると，R はこの降伏曲面を小さくし，逆に R^* は降伏曲面を大きくする．このため，R と R^* がつくる $F = \varepsilon_v^p - MD\ln R$ と $F = \varepsilon_v^p + MD\ln R^*$ の曲面は，それぞれ**下負荷面**と**上負荷面**とよばれる．すなわち R の下負荷面 $F = \varepsilon_v^p - MD\ln R$ が拡大することで $F = \varepsilon_v^p$ の面に近づき，逆に R^* の上負荷面 $F = \varepsilon_v^p + MD\ln R^*$ が収縮することで $F = \varepsilon_v^p$ の面に近づくのである．これも定義から明らかであるが，$F = \varepsilon_v^p$ の元来の降伏曲面と，下負荷面と上負荷面は応力空間の中で相似であり，降伏曲面とこの 2 つの曲面の大きさの違いを R と R^* が与えているのである．

参 考 文 献

連続体力学

[1] 松井孝典, 松浦充宏, 林祥介, 寺沢敏夫, 谷本俊郎, 唐戸俊一郎：地球連続体力学, 岩波講座地球惑星科学, 岩波書店, 1996.

[2] 中村喜代次, 森教安：連続体力学の基礎, コロナ社, 1998.

[3] A.J.M. Spencer：Continuum Mechanics, Dover Publications, 2004.

[4] D.R. Smith：An Introduction to Continuum Mechanics-after Truesdell and Noll, Springer, 2010.

弾性力学・応用力学

[5] I.S. Sokolnikoff：Mathematical Theory of Elasticity, McGraw-Hill, 1956.

[6] S. Timoshenko：Theory of Elasticity, McGraw-Hill, 1970.

[7] A.H. England：Complex Variable Methods in Elasticity, Dover Publications, 1971.

[8] 小林繁夫, 近藤恭平：弾性力学, 工学基礎講座, 培風館, 1987.

[9] J.E. Marsden, T.J.R. Hughes：Mathematical Foundations of Elasticity, Dover Publications, 1994.

[10] V.I. Arnold：Mathematical Methods of Classical Mechanics, Springer, 1997.

[11] 日本機械学会：材料力学ハンドブック(基礎編), 日本機械学会, 1999.

[12] M.L. Kachanov, B. Shafiro, I. Tsukrov：Handbook of Elasticity Solutions, Springer, 2010.

[13] 中島淳一, 三浦哲：弾性体力学　変形の物理を理解するために, 共立出版, 2014.

構造力学・構造の基本要素

[14] 小林繁夫：航空機構造力学, 丸善, 1992.

[15] 滝敏美：航空機構造解析の基礎と実際, プレアデス出版, 2012.

動的問題・波動伝播

[16] K. Aki, P.G. Richards：Quantitative Seismology：Theory and Methods, W. H. Freeman & Co, 1980.

[17] J. Achenbach：Wave Propagation in Elastic Solids, North Holland, 1987.

[18] 小林昭一編著：波動解析と境界要素法，京都大学学術出版会，2000.

[19] J.L. Davis：Wave Propagation in Solids and Fluids, Springer, 2011.

[20] M. Hori, Introduction to Computational Earthquake Engineering 2nd edition, Imperial College Press, 2011.

熱応力・弾塑性力学

[21] 竹内洋一郎，野田直剛：再増補改訂　熱応力，日新出版，1989.

[22] 庄司正弘：伝熱工学，東京大学出版会，1995.

[23] R.K. Penny, D.L. Marriott：Design for Creep second edition, Chapman & Hall, 1995.

[24] 吉田総仁：弾塑性力学の基礎，共立出版，1997.

[25] N. Noda, R.B. Hetnarski, Y. Tanigawa：Thermal Stress, LASTRAN, 2000.

[26] 日本機械学会：JSME テキストシリーズ　伝熱工学，日本機械学会，2005.

材料科学，材料の力学特性，破壊力学

[27] 朝田泰英，鯉渕興二共編：総合材料強度学講座 8　機械構造強度学，オーム社，1984.

[28] R.K. Penny, D.L. Marriott：Design for Creep second edition, Chapman & Hall, 1995.

[29] 丸山公一，中島英治：高温強度の材料科学，内田老鶴圃，1997.

[30] T.L. Anderson 著，粟飯原周二監訳，金田重裕，吉成仁志訳：破壊力学　基礎と応用第 3 版，森北出版，2011.

さまざまな構造材料

[31] 岡村甫，前川宏一：鉄筋コンクリートの非線形解析と構成則，技報堂出版，1991.

[32] 吉川弘道：鉄筋コンクリートの設計—限界状態設計法と許容応力度設計法，丸善，1997.

[33] K. Maekawa, H. Okamura, A. Pimanmas：Non-Linear Mechanics of Reinforced Concrete, Taylor & Francis, 2003.

[34] F.C. Campbell Jr.：Manufacturing Process for Advanced Composites, Elsevier, Oxford, 2003.

[35] D. Hull, T.W. Clyne 著，宮入裕夫，池上皓三，金原勲訳：複合材料入門[改訂版]，培風館，2003.

[36] 邉吾一，石川隆司：先進複合材料工学，培風館，2005.

[37] S.G. Advani, K.-T. Hsiao：Manufacturing Techniques for Polymer Matrix Composites (PMCs), Woodhead Publishing, Cambridge, 2012.

[38] 中野正樹：地盤力学，コロナ社，2012.

材料力学と有限要素法

[39] 矢川元基，宮崎則幸：有限要素法による熱応力・クリープ・熱伝導解析，サイエンス，1985.

[40] 矢川元基，吉村忍：計算固体力学，岩波講座　現代工学の基礎，岩波書店，2001.

[41] 地盤工学会編：弾塑性有限要素法をつかう（地盤技術者のための FEM シリーズ），地盤工学会，2003.

索　　引

東京大学工学教程

2023 年 10 月

著者の現職

吉村　忍（よしむら・しのぶ）
東京大学大学院工学系研究科
システム創成学専攻　教授
堀　宗朗（ほり・むねお）
海洋研究開発機構
付加価値情報創生部門　部門長
井上純哉（いのうえ・じゅんや）
東京大学生産技術研究所　教授

鈴木克幸（すずき・かつゆき）
東京大学大学院工学系研究科
システム創成学専攻　教授
笠原直人（かさはら・なおと）
東京大学大学院工学系研究科
原子力国際専攻　教授
横関智弘（よこぜき・ともひろ）
東京大学大学院工学系研究科
航空宇宙工学専攻　准教授

東京大学工学教程　材料力学
材料力学Ⅲ

令和 5 年 12 月 25 日　発　行

編　　者　　東京大学工学教程編纂委員会

著　　者　　吉村　忍・堀　宗朗・井上　純哉
　　　　　　鈴木　克幸・笠原　直人・横関　智弘

発 行 者　　池　田　和　博

発 行 所　　丸善出版株式会社
　　　　　　〒101-0051 東京都千代田区神田神保町二丁目17番
　　　　　　編 集：電話 (03) 3512-3266／FAX (03) 3512-3272
　　　　　　営 業：電話 (03) 3512-3256／FAX (03) 3512-3270
　　　　　　https://www.maruzen-publishing.co.jp

組版印刷・製本／三美印刷株式会社

ISBN 978-4-621-30891-2　C 3350　　　　　Printed in Japan